도형을 잡으면 수학이 완성된다!

기적의
중학도형

2권

Ⅰ. 삼각형의 성질
Ⅱ. 사각형의 성질
Ⅲ. 도형의 닮음
Ⅳ. 피타고라스 정리

기 적 의 중학도형 2권

초판 발행 2019년 7월 25일
초판 10쇄 2022년 9월 16일

지은이 기적학습연구소
발행인 이종원
발행처 길벗스쿨
출판사 등록일 2006년 6월 16일
주소 서울시 마포구 월드컵로 10길 56(서교동)
대표 전화 02)332-0931 | **팩스** 02)323-0586
홈페이지 www.gilbutschool.co.kr | **이메일** gilbut@gilbut.co.kr

기획 및 책임 편집 이선정(dinga@gilbut.co.kr)
제작 이준호, 손일순, 이진혁 | **영업마케팅** 문세연, 박다슬 | **웹마케팅** 박달님, 정유리, 윤승현
영업관리 김명자, 정경화 | **독자지원** 윤정아, 최희창 | **편집진행 및 교정** 이선정, 최은희
표지 디자인 정보라 | **표지 일러스트** 김다예 | **내지 디자인** 정보라
전산편집 보문미디어 | **CTP 출력·인쇄** 교보P&B | **제본** 신정제본

ISBN 979-11-6406-041-2 54410
(길벗 도서번호 10702)
정가 12,000원

중학교에서 배운 도형, 수능까지 갑니다!

도형 파트의 절반을 중학교에서 배운다는 것을 알고 있나요?

중학교에서는 도형을 논리적이고 추상적인 수학 언어로 표현하는 방법을 배웁니다.
초등학교에서는 직관적으로 도형의 개념을 익히고, 고등학교에서는 중학교에서 배운 도형을 함수처럼 좌표평면 위에 올려서 대수적으로 계산하죠.
중등이 도형의 핵심이고, 초등은 워밍업, 고등은 복습인 셈입니다.

그렇기 때문에 도형은 지금 잡아야 고등학교에서 헤매지 않아요. 같은 도형이라도 접근법이 다르기 때문에 지금 제대로 정리하지 않으면 고등학교에서 어려움을 겪게 됩니다. 도형의 정의와 성질은 중학교에서만 다루거든요. 내신이나 수능에서 출제되는 어려운 문제는 중학교 내용을 이용하는 경우가 많아요.

수영을 배운다고 생각해 보세요. 물에 익숙해지는 데까지 시간이 필요하지만, 차근차근 제대로 몸에 익히면 몇 년 만에 다시 물에 뛰어들어도 수영하는 법을 잊지 않죠.
도형 공부도 마찬가지! 논리적으로 생각해야 하는 영역이라 한 문제를 풀더라도 충분한 시간이 필요하죠. 오래 걸리더라도 직접 해 보고 정확하게 표현하면서 완전히 내 것으로 만들어야 수능까지 개념이 연결됩니다.

도형만큼은 중학교에서 꼭 잡고 가세요. 다른 것도 공부하느라 바쁜 고등학교에서 다시 중학교 책을 붙들고 공부할 수는 없잖아요. 지금 제대로 익히면 고등학교 기하 영역만큼은 쉽게 정복할 수 있어요.

자, 이제 도형을 차근차근 시작해 볼까요?

길벗스쿨 기적학습연구소

3단계 다면학습으로 다지는 중학수학

'평행선의 성질'에 대한 다면학습 3단계

1

눈으로 ┐ 해결전략훈련
개별적용훈련
용어모아보기

❶단계 | 도형 이미지 형성

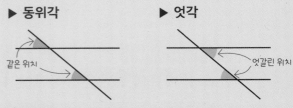

▶ 동위각 — 같은 위치

▶ 엇각 — 엇갈린 위치

평행선의 성질 ❶ 평행선에서 동위각의 크기는 서로 같다.
평행선의 성질 ❷ 평행선에서 엇각의 크기는 서로 같다.

2

손으로 ┐ 해결전략훈련
개별적용훈련
용어모아보기

❷단계 | 수학적 개념 확립

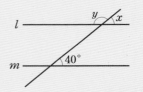

➡ $\angle x = 40°$ (∵ 동위각)

   $\angle y = 180° - 40° = 140°$ (∵ 평각)

3

머리로 ┐ 해결전략훈련
개별적용훈련
용어모아보기

❸단계 | 원리의 적용·활용

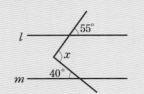 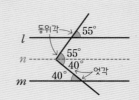

step1 보조선 n을 긋는다.
step2 동위각과 엇각을 찾는다.
   $\angle x = 55° + 40° = 95°$

눈으로 보고, 손으로 익히고, 머리로 적용하는 3단계 다면학습을 수학적 언어로 표현하고 공식의 원리를 체득하고 해결 전략을 세우면서 중학교 수학의 기본기를 다질 수 있습니다.

삼각형, 사각형, 원 모양의 물건들은 눈만 뜨면 어디서든 쉽게 찾을 수 있어서 도형의 개념은 이미 잘 알고 있다고 착각하기 쉽습니다. 생활 속에서 충분히 반복하는 영역이기 때문입니다. 하지만 안다고 생각해도 대부분 수학적으로 설명하기는 어렵습니다. '선'이라는 용어에는 직선도 곡선도 포함되지만 보통은 직선만을 떠올립니다. '원'은 평면 위의 한 점에서 거리가 같은 점을 모두 모아놓은 것이지만 막연하게 동그란 모양이라고 생각하기 쉽죠.

이렇게 중학교 수학에서는 용어와 공식이 많이 등장합니다. 비슷비슷하고 헷갈리는 용어와 공식을 모아서 보면 짐작이나 고정관념에 의해 생기기 쉬운 오개념을 수정하거나 수학적으로 표현하는 데 도움이 됩니다.

관련이 있는 개념을 묶어서 한눈에 담아 나만의 도형 이미지를 만드세요. 도형은 전체적인 그림을 알고 부분을 채우는 것이 오류를 줄이는 가장 좋은 방법입니다.

도형에서는 다음 두 가지가 가장 중요합니다.

하나, 용어의 정의

수학도 암기 과목이라고 부르는 이유는 수학적 '정의'에 있습니다. 일상적인 언어나 막연한 개념과는 다르게 정확한 용어가 중요하기 때문입니다. 수학에서 용어의 정의는 문제를 푸는 데도, 도형의 증명에도 꼭 필요합니다.

둘, 공식의 증명과 문제 적용

도형에서 눈으로 보는 것과 직접 풀어 보는 것은 확연하게 다릅니다. 공식을 암기해도 문제에 어떻게 적용해야 할지 난감할 때가 많기 때문입니다. 공식의 구성 요소 사이에 어떤 관계가 있는지 파악하여 직접 증명해 보고, 문제에 적용하면서 원리를 체득해야 합니다.

도형에서 수학적 정의와 공식의 체득만으로 활용 문제까지 해결하기는 어렵습니다. 도형에서의 어려운 문제는 대부분 원리를 이용한 해결 전략을 세운 후 풀어야 하기 때문입니다. 대표적인 경우가 보조선을 긋는 문제이죠. 도형을 나누거나, 연장선을 긋거나, 꼭짓점을 연결하거나, 평행선을 그어야 하는 경우를 말합니다. 게다가 앞 단원이나 이전 학년에서 배운 내용까지 이용해야 할 때도 있습니다.

실제 시험에서 출제되는 문제는 이렇게 개념을 활용하여 한 단계를 거쳐야만 비로소 답을 구할 수 있습니다. 제대로 개념이 형성되어 있어야 문제를 접했을 때 어떤 개념이 필요한지 파악하여 적재적소에 적용할 수 있습니다. 다양한 유형의 문제를 접하고, 필요한 개념을 적용시켜 풀어 보면서 문제 해결 능력을 키우세요.

구성 및 학습설계 : 어떻게 볼까요?

1단계 눈으로 보는 VISUAL IDEA

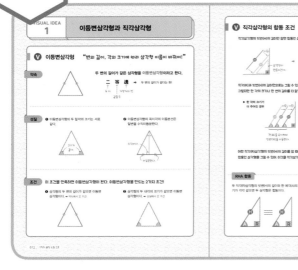

문제 훈련을 시작하기 전 가벼운 마음으로 읽어 보세요.

나무가 아니라 숲을 보아야 해요. 하나하나 파고들어 이해하기보다 위에서 내려다보듯 전체를 머릿속에 담아서 나만의 도형 이미지를 만들어 보세요.

2단계 손으로 익히는 ACT

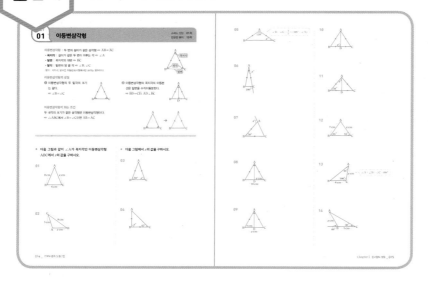

개념을 꼼꼼히 읽은 후 손에 익을 때까지 문제를 반복해서 풀어요. 이때 공식은 암기해 두는 것이 좋습니다.

완전히 이해될 때까지 쓰고 지우면서 풀고 또 풀어 보세요.

3단계 머리로 적용하는 ACT+

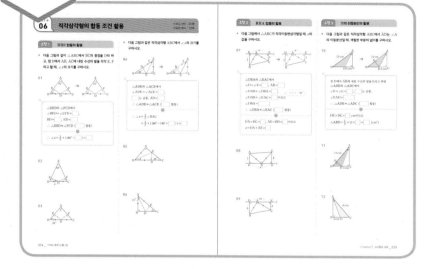

도형의 기본 문제보다는 다소 어렵지만 꼭 익혀두어야 할 유형의 문제입니다.

차근차근 첫 번째 문제를 따라 풀고, 이어지는 문제로 직접 풀면서 연습할 수 있도록 설계되어 있습니다.

다양한 유형으로 문제 적용 방법을 익히세요.

Test 평가

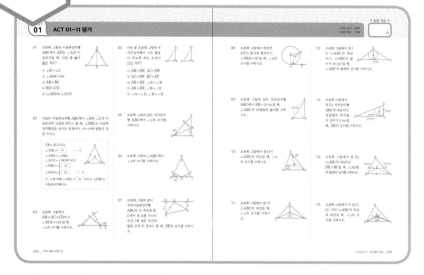

앞에서 배운 내용을 얼마나 이해하고 있는지를 확인하는 단계입니다.

배운 내용을 꼼꼼하게 확인하고, 틀린 문제는 앞의 **ACT**나 **ACT+**로 다시 돌아가 한번 더 연습하세요.

목차와 스케줄러

Chapter I 삼각형의 성질

VISUAL IDEA 01	이등변삼각형과 직각삼각형	012
ACT 01	이등변삼각형	014
ACT 02	이등변삼각형 설명 문제	016
ACT+ 03	이등변삼각형의 성질 활용	018
ACT 04	직각삼각형의 합동 조건	020
ACT 05	각의 이등분선의 성질	022
ACT+ 06	직각삼각형의 합동 조건 활용	024
VISUAL IDEA 02	삼각형의 외심과 내심	026
ACT 07	삼각형의 외심 / 외심의 위치	028
ACT 08	접선과 접점 / 삼각형의 내심	030
ACT 09	외심과 내심을 이용한 각의 크기 구하기	032
ACT 10	삼각형의 넓이와 내접원의 반지름의 길이 / 삼각형의 내심과 접선의 길이	034
ACT+ 11	삼각형의 내심 활용	036
TEST 01	ACT 01~11 평가	038

Chapter II 사각형의 성질

VISUAL IDEA 03	평행사변형	042
ACT 12	평행사변형	044
ACT+ 13	평행선의 성질 활용 1	046
ACT+ 14	평행선의 성질 활용 2	048
ACT 15	평행사변형이 되는 조건	050
ACT+ 16	평행사변형의 되는 조건의 활용	052
ACT 17	평행사변형과 넓이	054
VISUAL IDEA 04	여러 가지 사각형	056
ACT 18	직사각형 / 마름모	058
ACT 19	사각형이 되기 위한 조건 1	060
ACT 20	정사각형 / 등변사다리꼴	062
ACT 21	사각형이 되기 위한 조건 2	064
ACT 22	여러 가지 사각형 사이의 관계	066
ACT+ 23	여러 가지 사각형의 활용	068
ACT 24	평행선과 넓이	070
ACT 25	높이가 같은 삼각형의 넓이의 비	072
TEST 02	ACT 12~25 평가	074

Chapter III 도형의 닮음

VISUAL IDEA 05	도형의 닮음	078
ACT 26	닮은 도형 / 닮음의 성질	080
ACT 27	닮은 평면도형에서의 비	082
ACT 28	닮은 입체도형에서의 비	084
ACT 29	삼각형의 닮음 조건	086
ACT+ 30	삼각형의 닮음 조건 활용	088
ACT 31	직각삼각형의 닮음 / 활용	090
ACT 32	실생활에서 닮음의 활용	092
ACT+ 33	도형의 닮음 활용	094
TEST 03	ACT 26~33 평가	096
VISUAL IDEA 06	평행선 사이의 선분의 길이의 비	098
ACT 34	삼각형에서 평행선과 선분의 길이의 비	100
ACT 35	삼각형의 각의 이등분선	102
ACT 36	평행선 사이의 선분의 길이의 비 1	104
ACT 37	평행선 사이의 선분의 길이의 비 2	106
ACT 38	삼각형의 두 변의 중점을 연결한 선분의 성질	108
ACT 39	사다리꼴에서 삼각형의 두 변의 중점을 연결한 선분의 성질	110
ACT+ 40	삼각형의 두 변을 연결한 선분의 성질 활용 1	112
ACT+ 41	삼각형의 두 변의 중점을 연결한 선분의 성질 활용 2	114
VISUAL IDEA 07	삼각형의 무게중심	116
ACT 42	삼각형의 중선 / 무게중심	118
ACT 43	삼각형의 무게중심과 넓이	120
ACT+ 44	삼각형의 무게중심 활용	122
ACT+ 45	평행사변형에서 삼각형의 무게중심 활용	124
TEST 04	ACT 34~45 평가	126

Chapter IV 피타고라스 정리

VISUAL IDEA 08	피타고라스 정리	130
ACT 46	피타고라스 정리	132
ACT+ 47	피타고라스 정리 활용	134
ACT 48	피타고라스 정리 이용 1	136
ACT 49	피타고라스 정리 이용 2	138
ACT 50	직각삼각형이 되는 조건 / 삼각형의 변의 길이와 각의 크기 사이의 관계	140
ACT 51	피타고라스 정리를 이용한 도형의 성질	142
ACT 52	직각삼각형에서 세 반원 사이의 관계 / 히포크라테스의 원의 넓이	144
TEST 05	ACT 46~52 평가	146

"하루에 공부할 양을 정해서, 매일매일 꾸준히 풀어요."

일주일에 5일 동안 공부하는 것을 목표로 합니다. 공부할 날짜를 적고, 계획을 지킬 수 있도록 노력하세요.

ACT 01	ACT 02	ACT+ 03	ACT 04	ACT 05	ACT+ 06
월 일	월 일	월 일	월 일	월 일	월 일
ACT 07	ACT 08	ACT 09	ACT 10	ACT+ 11	TEST 01
월 일	월 일	월 일	월 일	월 일	월 일
ACT 12	ACT+ 13	ACT+ 14	ACT 15	ACT+ 16	ACT 17
월 일	월 일	월 일	월 일	월 일	월 일
ACT 18	ACT 19	ACT 20	ACT 21	ACT 22	ACT+ 23
월 일	월 일	월 일	월 일	월 일	월 일
ACT 24	ACT 25	TEST 02	ACT 26	ACT 27	ACT 28
월 일	월 일	월 일	월 일	월 일	월 일
ACT 29	ACT+ 30	ACT 31	ACT 32	ACT+ 33	TEST 03
월 일	월 일	월 일	월 일	월 일	월 일
ACT 34	ACT 35	ACT 36	ACT 37	ACT 38	ACT 39
월 일	월 일	월 일	월 일	월 일	월 일
ACT+ 40	ACT+ 41	ACT 42	ACT 43	ACT+ 44	ACT+ 45
월 일	월 일	월 일	월 일	월 일	월 일
TEST 04	ACT 46	ACT+ 47	ACT 48	ACT 49	ACT 50
월 일	월 일	월 일	월 일	월 일	월 일
ACT 51	ACT 52	TEST 05			
월 일	월 일	월 일			

기적의 중학도령

Chapter I
삼각형의 성질

keyword

이등변삼각형, 직각삼각형, 직각삼각형의 합동 조건,
접선, 접점, 삼각형의 외심, 삼각형의 내심

이등변삼각형과 직각삼각형

Ⓥ 이등변삼각형 "변의 길이, 각의 크기에 따라 삼각형 이름이 바뀌어!"

약속

두 변의 길이가 같은 삼각형을 **이등변삼각형**이라고 한다.

二　等　邊　➡ 두 변의 길이가 같다는 뜻!

두 이　　같을 등　　가장자리 변

성질

❶ 이등변삼각형의 두 밑각의 크기는 서로 같다.

크기가 같다.

❷ 이등변삼각형의 꼭지각의 이등분선은 밑변을 수직이등분한다.

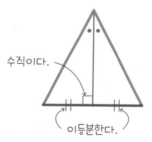

수직이다.

이등분한다.

조건 이 조건을 만족하면 이등변삼각형이 된다. 이등변삼각형을 만드는 2가지 조건!

❶ 삼각형의 두 변의 길이가 같으면 이등변 삼각형이다. ➡ 약속에서 온 조건

❷ 삼각형의 두 내각의 크기가 같으면 이등변 삼각형이다. ➡ 성질에서 온 조건

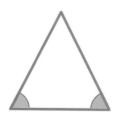

V 직각삼각형의 합동 조건

직각삼각형의 빗변(H)의 길이만 알면 합동인 삼각형을 그릴 수 있을까?

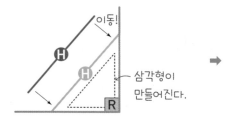

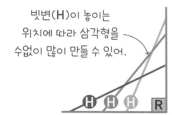

> 빗변(H)이 놓이는
> 위치에 따라 삼각형을
> 수없이 많이 만들 수 있어.

> R, H, A, S는 영어 단어의 약자!
> R: 직각 Right angle
> H: 빗변 Hypotenuse
> A: 각 Angle
> S: 변 Side

직각(R)과 빗변(H)의 길이만으로는 그릴 수 있는 삼각형이 너무 많아.
그렇지만 한 각의 크기나 한 변의 길이를 더 알게 되면?

▶ 한 각의 크기가
더 주어진 경우

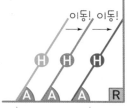

각(A)을 유지하며
빗변(H)을 이동한다.

▶ 한 변의 길이가
더 주어진 경우

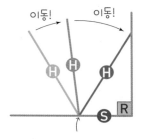

변(S)에 의해 빗변(H)의
한 점이 고정된다.

어떤 직각(R)삼각형의 빗변(H)의 길이를 알 때, 다른 한 각의 크기(A)를 알거나 다른 한 변(S)의 길이를 알면
합동인 삼각형을 그릴 수 있어. 이것을 직각삼각형의 합동 조건이라고 하지.

RHA 합동

두 직각(R)삼각형의 빗변(H)의 길이와 한 예각(A)의 크기가 각각 같으면 두 삼각형은 합동이다.

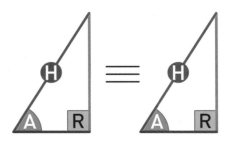

RHS 합동

두 직각(R)삼각형의 빗변(H)의 길이와 한 변(S)의 길이가 각각 같으면 두 삼각형은 합동이다.

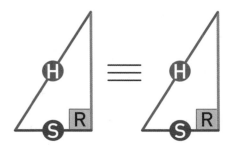

ACT 01 이등변삼각형

스피드 정답 : 01쪽
친절한 풀이 : 10쪽

이등변삼각형 : 두 변의 길이가 같은 삼각형 ➡ $\overline{AB}=\overline{AC}$

- **꼭지각** : 길이가 같은 두 변이 이루는 각 ➡ $\angle A$
- **밑변** : 꼭지각의 대변 ➡ $\overline{BC}$
- **밑각** : 밑변의 양 끝 각 ➡ $\angle B$, $\angle C$

| 참고 | 꼭지각, 밑각은 이등변삼각형에서만 쓰이는 용어이다.

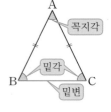

이등변삼각형의 성질

❶ 이등변삼각형의 두 밑각의 크기는 같다.
➡ $\angle B=\angle C$

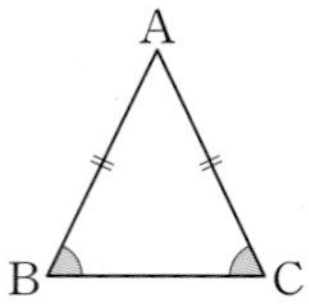

❷ 이등변삼각형의 꼭지각의 이등분선은 밑변을 수직이등분한다.
➡ $\overline{BD}=\overline{CD}$, $\overline{AD}\perp\overline{BC}$

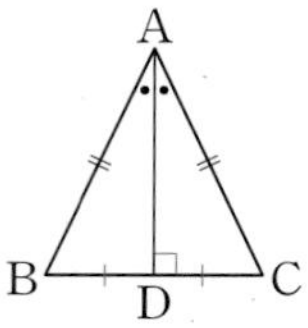

이등변삼각형이 되는 조건

두 내각의 크기가 같은 삼각형은 이등변삼각형이다.
➡ $\triangle ABC$에서 $\angle B=\angle C$이면 $\overline{AB}=\overline{AC}$

* 다음 그림과 같이 $\angle A$가 꼭지각인 이등변삼각형 ABC에서 x의 값을 구하시오.

01

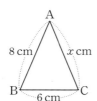

02

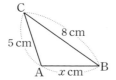

* 다음 그림에서 x의 값을 구하시오.

03

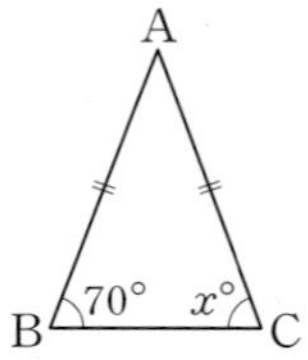

04

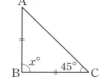

05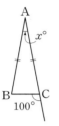

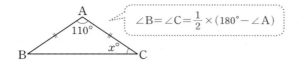
$\angle B = \angle C = \dfrac{1}{2} \times (180° - \angle A)$

06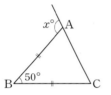

07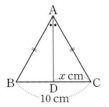

08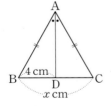

09

10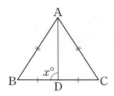

11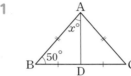

12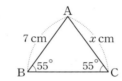

13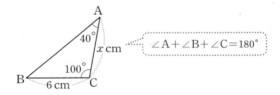

$\angle A + \angle B + \angle C = 180°$

14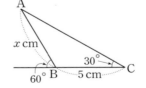

01   '이등변삼각형의 두 밑각의 크기는 같다.'임을
     설명하시오.

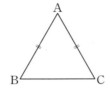

plan

• 이등변삼각형은 두 변의 길이가 같음을 이용한다.
• 보조선을 그어 2개의 삼각형으로 나누고, 두 삼각형이 합동임을 밝힌다.
• 합동인 두 삼각형으로부터 ∠B=∠C임을 알아낸다.

∠A의 이등분선과 $\overline{BC}$의 교점을 D라고 하면

△ABD와 △ACD에서

$\overline{AB}=$ ☐

☐ 는 공통

∠BAD= ☐

∴ △ABD≡ ☐ (SAS 합동)

∴ ∠ABD= ☐

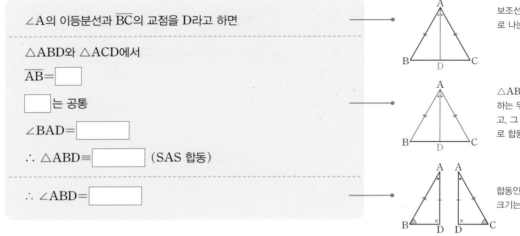

보조선을 그어 2개의 삼각형으로 나눈다.

△ABD와 △ACD에서 대응하는 두 변의 길이가 각각 같고, 그 끼인각의 크기가 같으므로 합동이다.

합동인 두 삼각형의 대응각의 크기는 서로 같다.

02   '이등변삼각형의 꼭지각의 이등분선은 밑변을
     수직이등분한다.'임을 설명하시오.

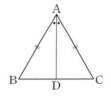

plan

• 이등변삼각형에서 두 변의 길이가 같음과 꼭지각의 이등분선을 이용하여 두 삼각형이 합동임을 밝힌다.
• 합동인 두 삼각형으로부터 $\overline{BD}=\overline{CD}$임을 알아낸다.
• 합동인 두 삼각형과 평각의 크기가 180°임을 이용하여 $\overline{AD}\perp\overline{BC}$임을 알아낸다.

△ABD와 △ACD에서

$\overline{AB}=$ ☐

∠BAD= ☐

$\overline{AD}$는 공통

∴ △ABD≡△ACD (☐ 합동)

∴ $\overline{BD}=$ ☐

∠ADB= ☐ 이고 ∠ADB+∠ADC= ☐ 이므로

∠ADB=∠ADC= ☐

∴ $\overline{AD}$ ☐ $\overline{BC}$

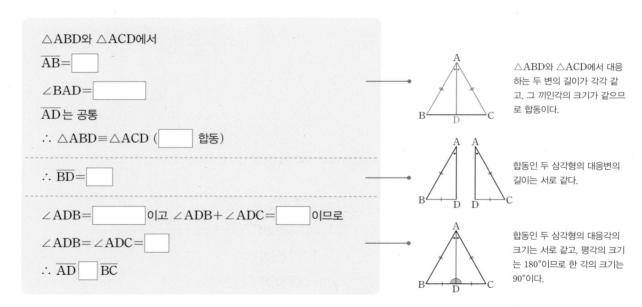

△ABD와 △ACD에서 대응하는 두 변의 길이가 각각 같고, 그 끼인각의 크기가 같으므로 합동이다.

합동인 두 삼각형의 대응변의 길이는 서로 같다.

합동인 두 삼각형의 대응각의 크기는 서로 같고, 평각의 크기는 180°이므로 한 각의 크기는 90°이다.

03 '두 내각의 크기가 같은 삼각형은 이등변삼각형이다.'임을 설명하시오.

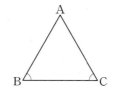

∠A의 이등분선과 $\overline{BC}$의 교점을 D라고 하면

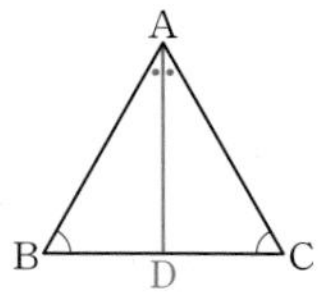

△ABD와 △ACD에서

∠BAD=☐

∠B=☐이고 삼각형의 세 내각의 크기의 합은 180°이므로

∠ADB=☐

☐는 공통

∴ △ABD≡☐ (ASA 합동)

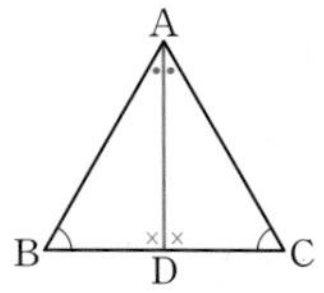

∴ $\overline{AB}$=☐

보조선을 그어 2개의 삼각형으로 나눈다.

△ABD와 △ACD에서 두 내각의 크기가 각각 같으므로 나머지 한 각의 크기도 같다. 따라서 대응하는 한 변의 길이가 같고, 그 양 끝 각의 크기가 각각 같으므로 합동이다.

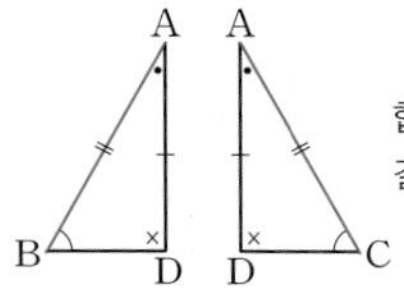

합동인 두 삼각형의 대응변의 길이는 서로 같다.

04 '이등변삼각형 ABC에서 ∠B와 ∠C의 이등분선의 교점을 D라고 할 때, △DBC는 이등변삼각형이다.'임을 설명하시오.

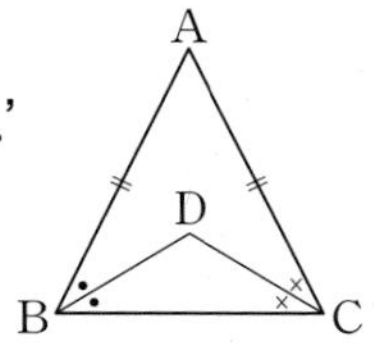

△ABC에서 $\overline{AB}=\overline{AC}$이므로 ∠ABC=☐

∠ABD=☐ , ∠ACD=☐ 이므로

∠DBC=$\frac{1}{2}$☐ , ∠DCB=$\frac{1}{2}$☐

따라서 ∠DBC=☐ 이므로
△DBC는 이등변삼각형이다.

이등변삼각형은 두 밑각의 크기가 같다.

△DBC는 두 내각의 크기가 같으므로 이등변삼각형이다.

ACT+ 03

이등변삼각형의 성질 활용

스피드 정답 : 01쪽
친절한 풀이 : 10쪽

유형 1 겹쳐진 2개의 삼각형

* 다음 그림에서 △ABC는 $\overline{AB}=\overline{AC}$인 이등변삼각형일 때, $\angle x$의 크기를 구하시오.

01

△ABC는 이등변삼각형이므로

$\angle ACB=\frac{1}{2}\times(180°-\square)$

$=\square$

△BCD는 이등변삼각형이므로

$\angle BDC=\angle BCD=\square$

$\therefore \angle x=180°-\square$

$=\square$

02

03

$\angle x=\angle DBC+\angle C$

유형 2 이웃한 이등변삼각형

* 다음 그림에서 $\angle x$의 크기를 구하시오.

04

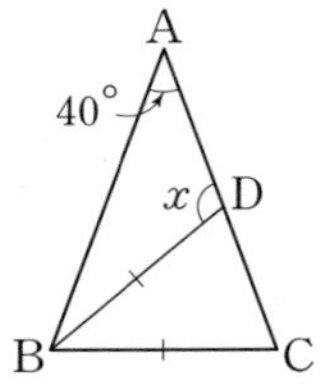

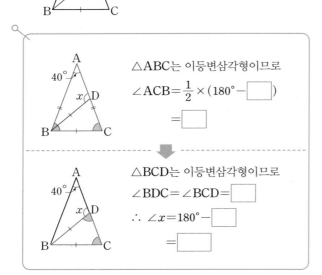

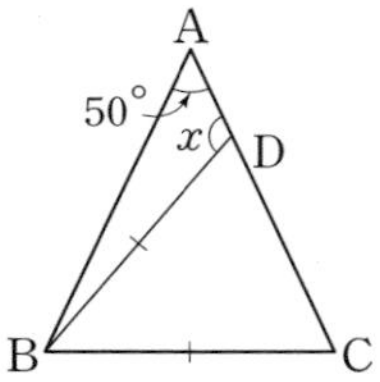

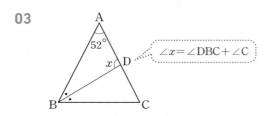

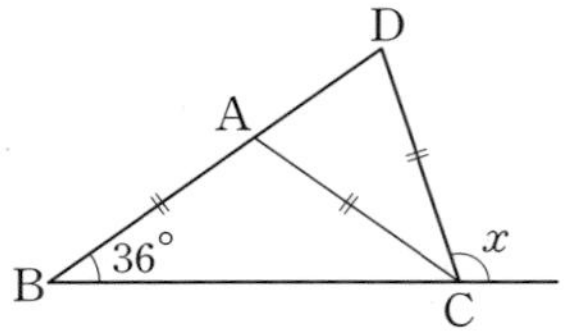

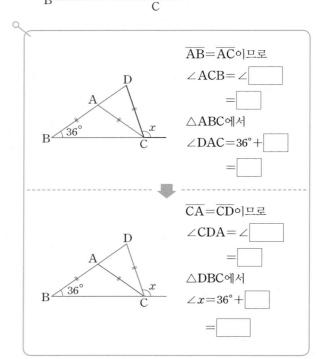

$\overline{AB}=\overline{AC}$이므로

$\angle ACB=\angle\square$

$=\square$

△ABC에서

$\angle DAC=36°+\square$

$=\square$

$\overline{CA}=\overline{CD}$이므로

$\angle CDA=\angle\square$

$=\square$

△DBC에서

$\angle x=36°+\square$

$=\square$

05

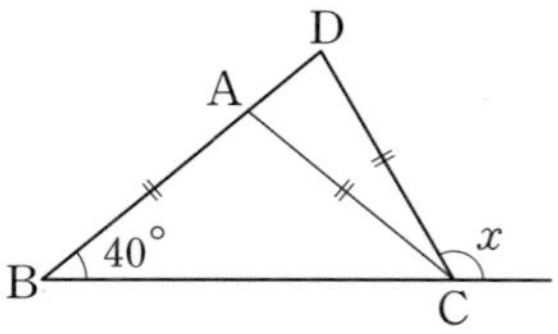

06

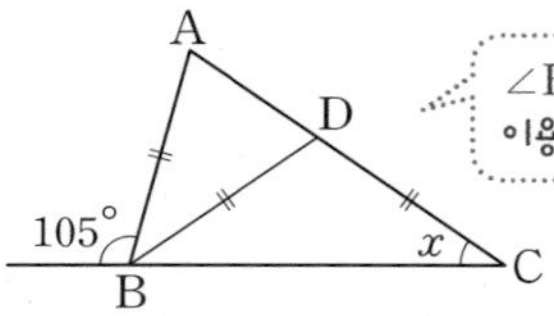

∠BAD를 ∠x를 이용하여 나타내 봐!

| 유형 3 | 각의 이등분선 | 유형 4 | 종이접기 |

유형 3 각의 이등분선

* 다음 그림에서 ∠x의 크기를 구하시오.

07

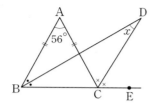

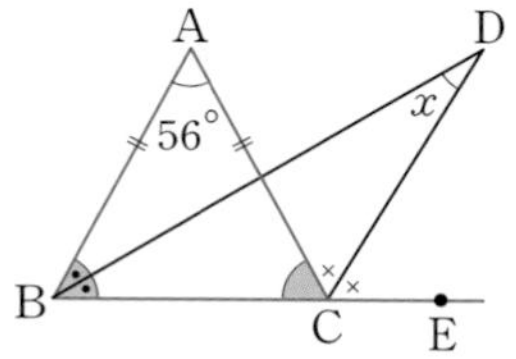

$\overline{AB}=\overline{AC}$이므로

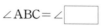

∠ABC=∠ ☐

$=\dfrac{1}{2} \times (180° -$ ☐ $)$

= ☐

∠DCE=$\dfrac{1}{2}$∠ACE

$=\dfrac{1}{2} \times (180° -$ ☐ $)$

= ☐

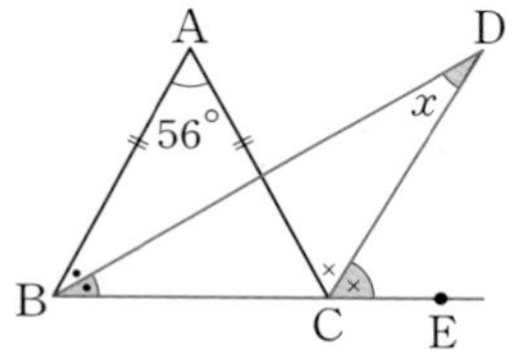

∠DBC=$\dfrac{1}{2} \times$ ☐

= ☐

△DBC에서

☐ + ∠x= ☐

∴ ∠x= ☐

08

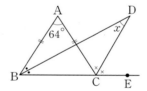

09

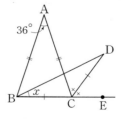

유형 4 종이접기

* 다음 그림과 같이 직사각형 모양의 종이를 접었을 때, ∠x의 크기를 구하시오.

도형을 접었을 때 접은 각의 크기는 같아.

10

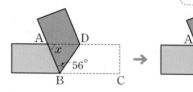

∠DBC=∠ ☐ = ☐ (접은 각)

$\overline{AD}$ // $\overline{BC}$이므로

∠ADB=∠DBC= ☐ (엇각)

△ABD에서

∠x=180°−2× ☐ = ☐

11

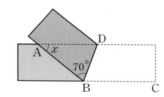

12

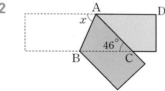

ACT 04 직각삼각형의 합동 조건

스피드 정답 : 01쪽
친절한 풀이 : 11쪽

❶ 두 직각삼각형의 빗변의 길이와 한 예각의 크기가 각각 같을 때

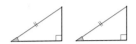

➡ RHA 합동

❷ 두 직각삼각형의 빗변의 길이와 다른 한 변의 길이가 각각 같을 때

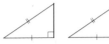

➡ RHS 합동

|주의| 직각삼각형의 합동 조건을 이용할 때는 반드시 빗변의 길이가 같은지 확인한다.

* 다음은 두 직각삼각형이 합동임을 보이는 과정이다. □ 안에 알맞은 것을 쓰시오.

01

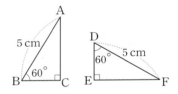

△ABC와 △FDE에서

∠C=∠E=□

$\overline{AB}$=□

∠ABC=□

∴ △ABC≡□ (□ 합동)

두 도형의 합동을 나타낼 때는 대응점을 같은 순서로 써야 해.

02

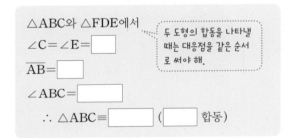

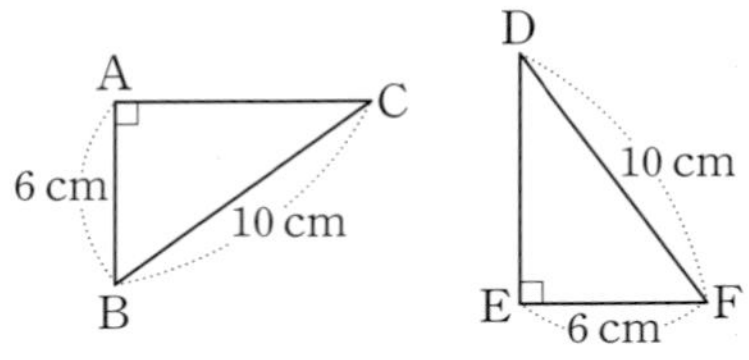

△ABC와 △EFD에서

∠A=∠E=□

$\overline{BC}$=□

$\overline{AB}$=□

∴ △ABC≡□ (□ 합동)

* 다음 그림의 두 직각삼각형이 합동이 되는 조건인 것에는 ○표, 아닌 것에는 ×표를 하시오.

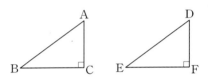

03 $\overline{AB}=\overline{DE}$, $\overline{AC}=\overline{DF}$ (　　　)

04 ∠A=∠D, ∠B=∠E (　　　)

05 $\overline{AB}=\overline{DE}$, ∠A=∠D (　　　)

06 $\overline{BC}=\overline{EF}$, ∠B=∠E (　　　)

* 다음 직각삼각형 중에서 서로 합동인 것을 찾아 기호 ≡를 써서 나타내고, 합동 조건을 쓰시오.

07

08

09

* 다음 그림에서 x의 값을 구하시오.

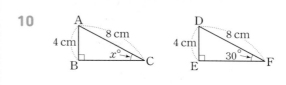

10

11

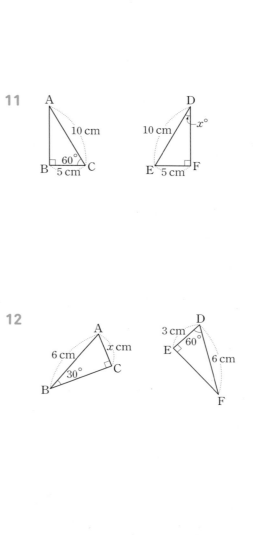

12

13

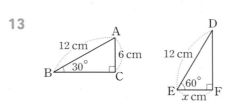

각의 이등분선의 성질

스피드 정답 : 01쪽
친절한 풀이 : 11쪽

• 각의 이등분선 위의 한 점에서 그 각의 두 변까지의 거리는 같다.
  ➡ ∠AOP=∠BOP이면 $\overline{PA}=\overline{PB}$

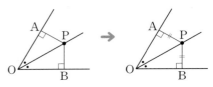

• 각의 두 변에서 같은 거리에 있는 점은 그 각의 이등분선 위에 있다.
  ➡ $\overline{PA}=\overline{PB}$이면 ∠AOP=∠BOP

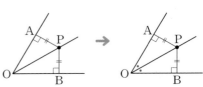

---

01 다음은 ∠XOP=∠YOP이고 $\overline{OX}\perp\overline{PA}$, $\overline{OY}\perp\overline{PB}$일 때, $\overline{PB}$의 길이를 구하는 과정이다. □ 안에 알맞은 것을 쓰시오.

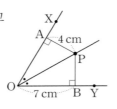

△AOP와 △BOP에서
∠PAO=∠PBO=□, □는 공통,
∠AOP=∠[□]이므로
△AOP≡△BOP (□ 합동)
∴ $\overline{PB}=\overline{PA}=$□ cm

02 다음은 $\overline{OX}\perp\overline{PA}$, $\overline{OY}\perp\overline{PB}$이고 $\overline{PA}=\overline{PB}$일 때, ∠BOP의 크기를 구하는 과정이다. □ 안에 알맞은 것을 쓰시오.

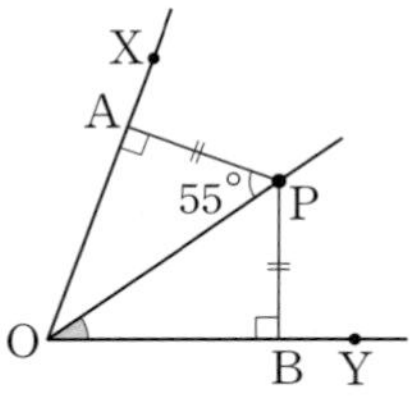

△AOP와 △BOP에서
∠PAO=∠PBO=□, □는 공통
□=$\overline{PB}$이므로
△AOP≡△BOP (□ 합동)
∴ ∠BOP=∠□=□

---

* **다음 그림에서 x의 값을 구하시오.**

03

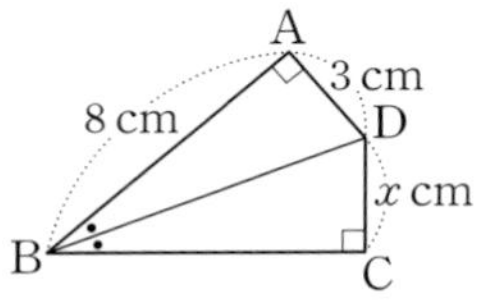

04

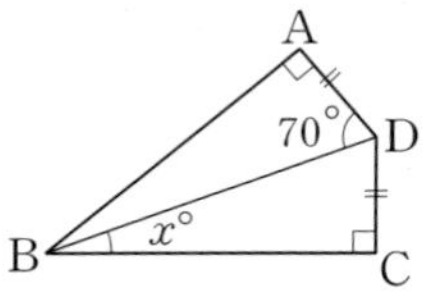

05

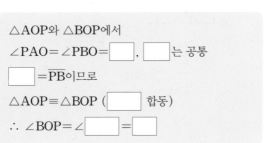

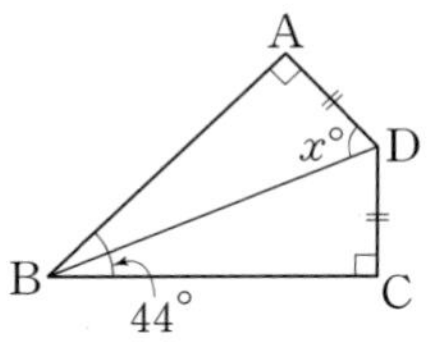

* 다음 그림과 같은 직각삼각형 ABC에서 x의 값을 구하시오.

06

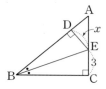

07

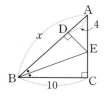

08

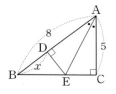

09

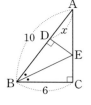

* 다음 그림과 같은 직각삼각형 ABC에서 $\angle x$의 크기를 구하시오.

10

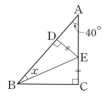

11

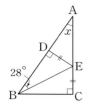

12

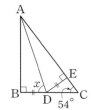

13

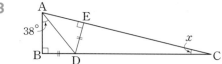

직각삼각형의 합동 조건 활용

스피드 정답 : 01쪽
친절한 풀이 : 12쪽

유형 1 RHS 합동의 활용

* 다음 그림과 같이 △ABC에서 $\overline{BC}$의 중점을 D라 하고, 점 D에서 $\overline{AB}$, $\overline{AC}$에 내린 수선의 발을 각각 E, F라고 할 때, $\angle x$의 크기를 구하시오.

01

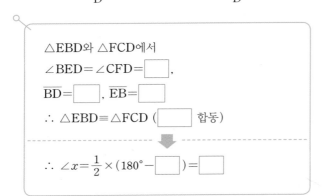

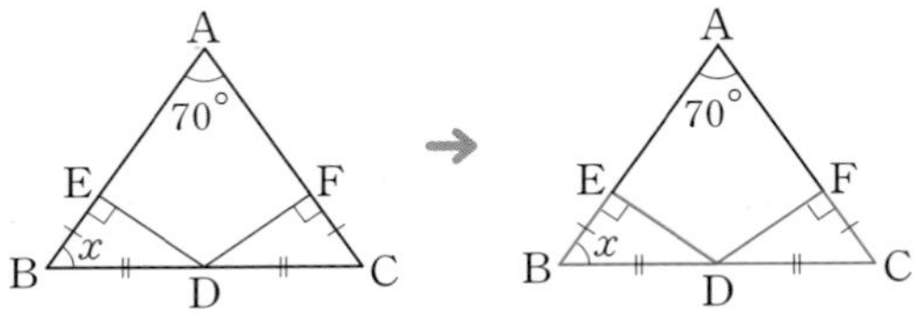

△EBD와 △FCD에서
∠BED=∠CFD=□,
$\overline{BD}$=□, $\overline{EB}$=□
∴ △EBD≡△FCD (□ 합동)

∴ $\angle x=\frac{1}{2}\times(180^\circ-\square)=\square$

02

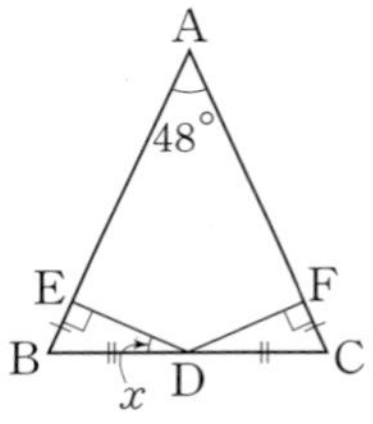

03

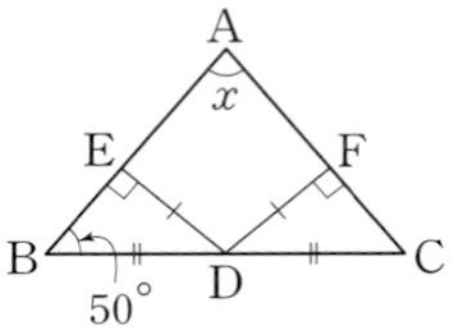

* 다음 그림과 같은 직각삼각형 ABC에서 $\angle x$의 크기를 구하시오.

04

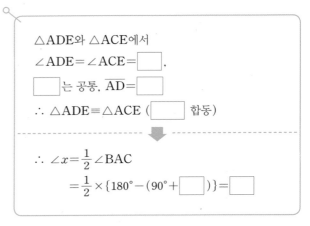

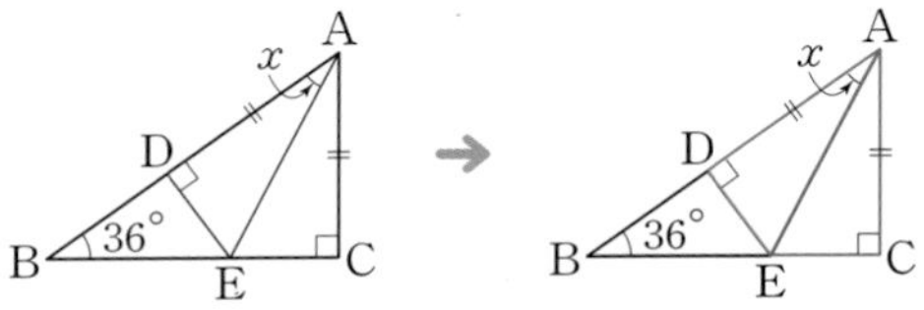

△ADE와 △ACE에서
∠ADE=∠ACE=□,
□는 공통, $\overline{AD}$=□
∴ △ADE≡△ACE (□ 합동)

∴ $\angle x=\frac{1}{2}\angle BAC$
$=\frac{1}{2}\times\{180^\circ-(90^\circ+\square)\}=\square$

05

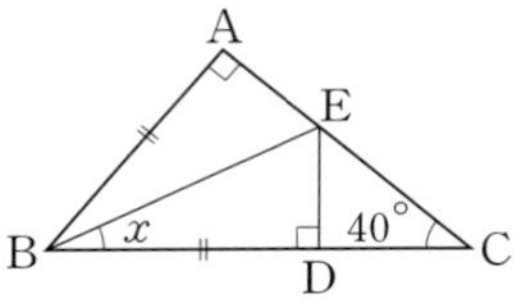

06

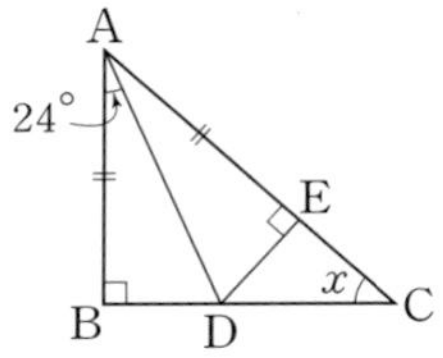

유형 2 RHA 합동의 활용

* 다음 그림에서 △ABC가 직각이등변삼각형일 때, x의 값을 구하시오.

07

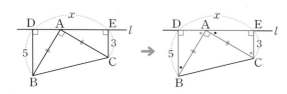

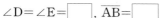

△DBA와 △EAC에서

∠D=∠E=□, $\overline{AB}$=□

∠DAB+∠DBA=□, (• + × = 90°)

∠DAB+∠EAC=□이므로

∠DBA=□

∴ △DBA≡△EAC (□ 합동)

$\overline{DA}$=$\overline{EC}$=□, $\overline{AE}$=$\overline{BD}$=□이므로

x=$\overline{DA}$+$\overline{AE}$=□

08

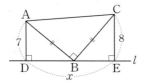

09

유형 3 각의 이등분선의 활용

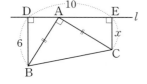

* 다음 그림과 같은 직각삼각형 ABC에서 $\overline{AD}$는 ∠A의 이등분선일 때, 색칠한 부분의 넓이를 구하시오.

10

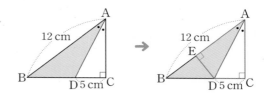

점 D에서 $\overline{AB}$에 내린 수선의 발을 E라고 하면

△ADE와 △ADC에서

∠E=∠C=□, □는 공통,

∠EAD=□

∴ △ADE≡△ADC (□ 합동)

$\overline{DE}$=$\overline{DC}$=□ cm이므로

△ABD=$\frac{1}{2}$×12×□=□ (cm²)

11

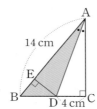

12

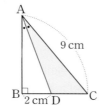

삼각형의 외심과 내심

Ⓥ 삼각형의 접점

직선과 원이 만나면?

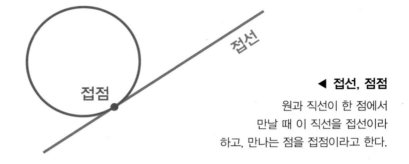

접선

접점

◀ **접선, 점점**
원과 직선이 한 점에서
만날 때 이 직선을 접선이라
하고, 만나는 점을 접점이라고 한다.

삼각형과 원이 만나면?

▶ **외접원, 외심**
한 다각형의 모든 꼭짓점이 한 원 위에 있을 때,
이 원을 주어진 다각형의 외접원이라 하고,
외접원의 중심을 외심이라고 한다.

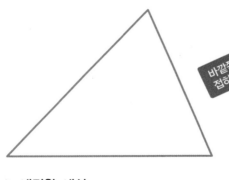

바깥쪽에
접하는 원은?

외접원

접한다.

접한다.

외접원의
반지름

외심

접한다.

▶ **내접원, 내심**
한 다각형의 모든 변이 한 원에 접할 때,
이 원을 주어진 다각형의 내접원이라 하
고, 내접원의 중심을 내심이라고 한다.

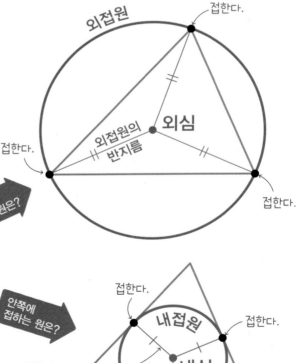

안쪽에
접하는 원은?

접한다.

내접원

접한다.

내접원의
반지름

내심

접한다.

Ⓥ 삼각형의 외심

▶ **삼각형의 외심**

삼각형의 외심은 삼각형의 세 변의 수직이등분선의 교점이다.

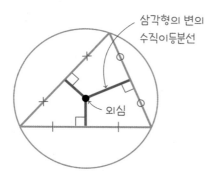

▶ **삼각형의 외심의 성질**

삼각형의 외심에서 세 꼭짓점에 이르는 거리(외접원의 반지름)는 같다.

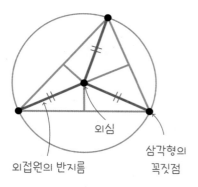

▶ **삼각형의 외심의 활용**

같은 색으로 칠한 직각삼각형끼리는 서로 합동이다.

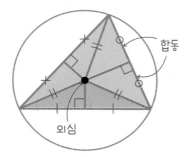

Ⓥ 삼각형의 내심

▶ **삼각형의 내심**

삼각형의 내심은 삼각형의 세 내각의 이등분선의 교점이다.

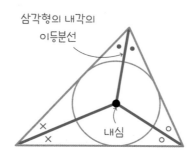

▶ **삼각형의 내심의 성질**

삼각형의 내심에서 세 변에 이르는 거리(내접원의 반지름)는 같다.

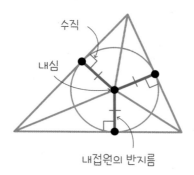

▶ **삼각형의 내심의 활용**

같은 색으로 칠한 직각삼각형끼리는 서로 합동이다.

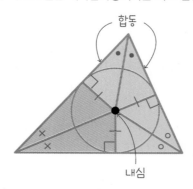

ACT 07 삼각형의 외심

외접원 : 삼각형의 모든 꼭짓점을 지나는 원

외심 : 삼각형의 외접원의 중심

삼각형의 외심의 성질

• 삼각형의 세 변의 수직이등분선은 한 점(외심)에서 만난다.

• 삼각형의 외심에서 세 꼭짓점에 이르는 거리는 모두 같다.

➡ $\overline{OA}=\overline{OB}=\overline{OC}$=(외접원의 반지름의 길이)

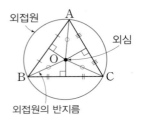

---

01 다음 삼각형에 나타낸 점이 외심인 것을 모두 고르시오.

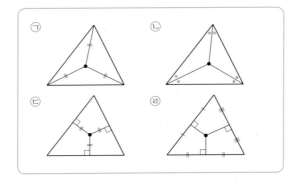

* 다음 그림에서 점 O가 △ABC의 외심일 때, 옳은 것에는 ○표, 옳지 <u>않은</u> 것에는 ×표를 하시오.

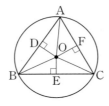

02 $\overline{OA}=\overline{OB}=\overline{OC}$ (   )

03 $\overline{OD}=\overline{OE}=\overline{OF}$ (   )

04 ∠OBE=∠OCE (   )

05 △ADO≡△AFO (   )

* 다음 그림에서 점 O가 △ABC의 외심일 때, x의 값을 구하시오.

06

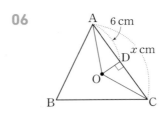

07

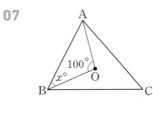

08

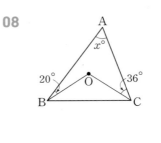

삼각형의 외심의 위치

• 예각삼각형

➡ 삼각형의 내부

• 직각삼각형

➡ 삼각형의 빗변의 중점

• 둔각삼각형

➡ 삼각형의 외부

＊ 다음 그림에서 점 O가 직각삼각형 ABC의 외심일 때, x의 값을 구하시오.

09

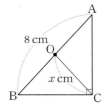

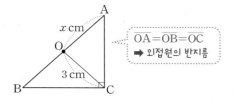

$\overline{OA}=\overline{OB}=\overline{OC}$
➡ 외접원의 반지름

10

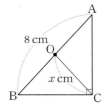

11

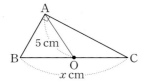

12

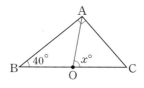

➡ $\overline{OA}=\overline{OB}$이므로

$\angle OAB = \angle \boxed{} = \boxed{}$

$\triangle ABO$에서

$\angle AOC = 40° + \boxed{} = \boxed{}$

∴ $x=\boxed{}$

13

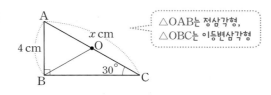

$\triangle OAB$는 정삼각형,
$\triangle OBC$는 이등변삼각형

14 다음 그림과 같은 직각삼각형 ABC의 외접원의 넓이를 구하시오.

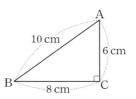

접선과 접점

- **접선** : 원과 한 점에서 만나는 직선 l
- **접점** : 원과 접선이 만나는 점 T
- **접선의 성질** : 원의 접선은 그 접점을 지나는 반지름과 수직이다.
  ➡ $\overline{OT} \perp l$

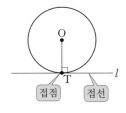

접점   접선

---

* 아래 그림의 원 O에서 다음을 구하시오.

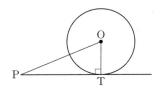

01 접선

02 접점

* 다음 그림에서 직선 PA는 원 O의 접선일 때, $\angle x$의 크기를 구하시오.

03

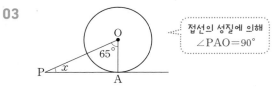

접선의 성질에 의해
$\angle PAO = 90°$

04

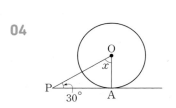

05

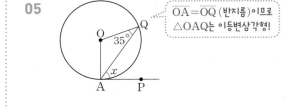

$\overline{OA} = \overline{OQ}$ (반지름)이므로
$\triangle OAQ$는 이등변삼각형!

* 다음 그림에서 두 점 A, B는 원 O의 접점일 때, $\angle x$의 크기를 구하시오.

06

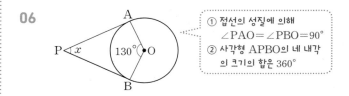

① 접선의 성질에 의해
   $\angle PAO = \angle PBO = 90°$
② 사각형 APBO의 네 내각
   의 크기의 합은 360°

07

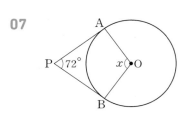

삼각형의 내심

내접원 : 삼각형의 모든 변에 접하는 원

내심 : 삼각형의 내접원의 중심

삼각형의 내심의 성질

• 삼각형의 세 내각의 이등분선은 한 점(내심)에서 만난다.

• 삼각형의 내심에서 세 변에 이르는 거리는 모두 같다.

➡ $\overline{ID}=\overline{IE}=\overline{IF}$ (내접원의 반지름의 길이)

┃참고┃ 모든 삼각형의 내심은 항상 삼각형의 내부에 있다.

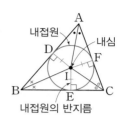

---

08 다음 삼각형에 나타낸 점이 내심인 것을 모두 고르시오.

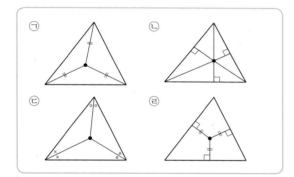

---

* 다음 그림에서 점 I가 △ABC의 내심일 때, □ 안에 알맞은 것을 쓰시오.

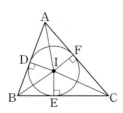

09 $\overline{DI}=$ ☐ $=$ ☐

10 $\angle DBI=$ ☐

11 $\triangle ADI \equiv$ ☐

---

* 다음 그림에서 점 I가 △ABC의 내심일 때, x의 값을 구하시오.

12

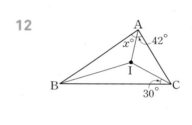

13

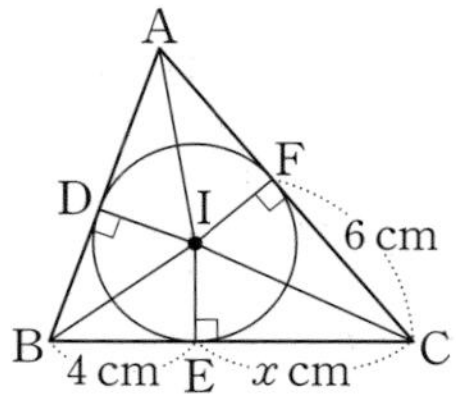

14

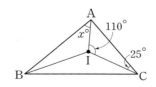

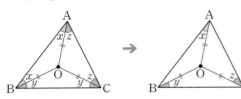

ACT 09 외심과 내심을 이용한 각의 크기 구하기

삼각형의 외심을 이용한 각의 크기 구하기

점 O가 △ABC의 외심일 때

• $\angle x + \angle y + \angle z = 90°$

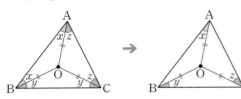

• $\angle BOC = 2\angle A$

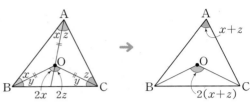

| 참고 | 점 O가 △ABC의 외심이면 $\overline{OA} = \overline{OB} = \overline{OC}$이므로 △OAB, △OBC, △OCA는 모두 이등변삼각형으로 두 밑각의 크기는 각각 같다.

✻ 다음 그림에서 점 O가 △ABC의 외심일 때, $\angle x$의 크기를 구하시오.

01

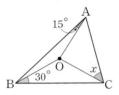

➡ $15° + 30° + \angle x = \boxed{}$ ∴ $\angle x = \boxed{}$

02

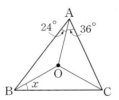

03

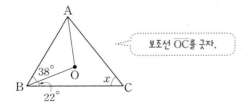

보조선 $\overline{OC}$를 긋자.

04

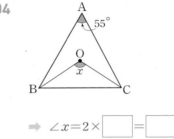

➡ $\angle x = 2 \times \boxed{} = \boxed{}$

05

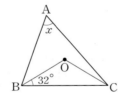

06

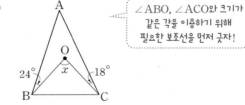

$\angle ABO$, $\angle ACO$와 크기가 같은 각을 이용하기 위해 필요한 보조선을 먼저 긋자!

삼각형의 내심을 이용한 각의 크기 구하기

점 I가 △ABC의 내심일 때

- $\angle x + \angle y + \angle z = 90°$

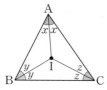 ➡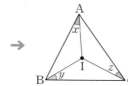

- $\angle BIC = 90° + \dfrac{1}{2}\angle A$

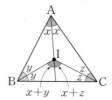 ➡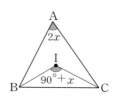

참고 $\angle BIC = (x+y) + (x+z) = (x+y+z) + x$
$= 90° + x = 90° + \dfrac{1}{2}\angle A$

---

* **다음 그림에서 점 I가 △ABC의 내심일 때, $\angle x$의 크기를 구하시오.**

07

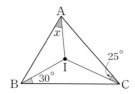

➡ $\angle x + 30° + 25° =$ ☐   ∴ $\angle x =$ ☐

08

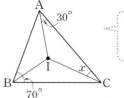

삼각형의 내심은 세 내각의 이등분선의 교점이므로 $\angle IBA = \angle IBC$

09

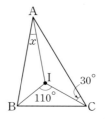

10

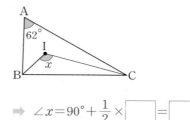

➡ $\angle x = 90° + \dfrac{1}{2} \times$ ☐ $=$ ☐

11

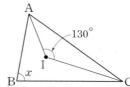

12

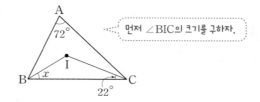

먼저 $\angle BIC$의 크기를 구하자.

삼각형의 넓이와 내접원의 반지름의 길이

△ABC의 내접원의 반지름의 길이를 r라고 하면

➡ $\triangle ABC = \dfrac{1}{2}r(\overline{AB}+\overline{BC}+\overline{CA})$

|참고| $\triangle ABC = \triangle IAB + \triangle IBC + \triangle ICA = \dfrac{1}{2}r\,\overline{AB} + \dfrac{1}{2}r\,\overline{BC} + \dfrac{1}{2}r\,\overline{CA} = \dfrac{1}{2}r(\overline{AB}+\overline{BC}+\overline{CA})$

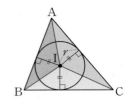

---

01 다음은 오른쪽 그림과 같은 △ABC의 넓이가 84일 때, 내접원 I의 반지름의 길이 r의 값을 구하는 과정이다. □ 안에 알맞은 수를 쓰시오.

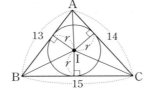

> △ABC=△IAB+△IBC+△ICA이므로
>
> $\boxed{} = \dfrac{1}{2}r(13+\boxed{}+14)$　∴ $r=\boxed{}$

* **아래 그림에서 점 I가 △ABC의 내심일 때, 다음을 구하시오.**

02 △ABC의 넓이

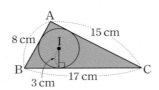

03 △ABC=54 cm²일 때, △ABC의 둘레의 길이

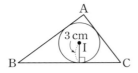

04 △ABC=25 cm²일 때, △ABC의 둘레의 길이

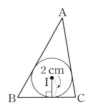

05 내접원의 반지름의 길이

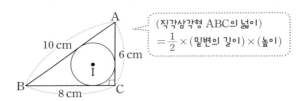

➡ $\triangle ABC = \dfrac{1}{2} \times 8 \times \boxed{} = \boxed{}$ (cm²)

내접원의 반지름의 길이를 r cm라고 하면

$\boxed{} = \dfrac{1}{2}r(10+\boxed{}+\boxed{})$

∴ $r = \boxed{}$

06 내접원의 넓이

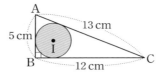

삼각형의 내심과 접선의 길이

스피드 정답 : 02쪽
친절한 풀이 : 14쪽

△ABC의 내접원이 $\overline{AB}$, $\overline{BC}$, $\overline{CA}$와 접하는 세 점을 각각 D, E, F라고 하면

➡ $\overline{AD}=\overline{AF}$, $\overline{BD}=\overline{BE}$, $\overline{CE}=\overline{CF}$

|참고| △ADI≡△AFI, △BDI≡△BEI, △CEI≡△CFI (RHS 합동)

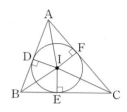

---

* 다음 그림에서 점 I가 △ABC의 내심일 때, x의 값을 구하시오.

07

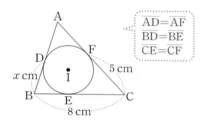

$\overline{AD}=\overline{AF}$
$\overline{BD}=\overline{BE}$
$\overline{CE}=\overline{CF}$

08

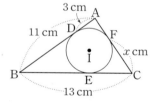

09

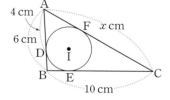

10

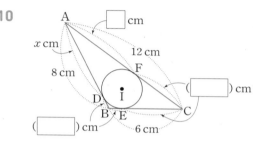

➡ $\overline{AF}=\boxed{}=x$ cm이므로

$\overline{BE}=\boxed{}=(\boxed{})$ cm

$\overline{EC}=\boxed{}=(\boxed{})$ cm

$\overline{BC}=\overline{BE}+\overline{EC}=(\boxed{})+(\boxed{})=6$

∴ $x=\boxed{}$

11

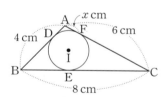

12

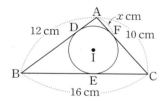

ACT+ 11 삼각형의 내심 활용

스피드 정답 : 02쪽
친절한 풀이 : 14쪽

유형 1 삼각형의 내심과 평행선

＊ 아래 그림에서 점 I는 △ABC의 내심이고, $\overline{DE} /\!/ \overline{BC}$일 때, 다음을 구하시오.

01 △ADE의 둘레의 길이

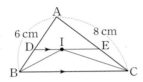

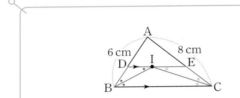

점 I는 △ABC의 내심이므로

∠DBI=$\square$

또한 $\overline{DE} /\!/ \overline{BC}$이므로

∠CBI=$\square$ (엇각)

∴ ∠DBI=$\square$

∴ $\overline{DI}$=$\square$

같은 방법으로 $\overline{EI}$=$\square$

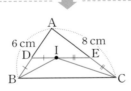

∴ (△ADE의 둘레의 길이)

$=\overline{AD}+\overline{DE}+\overline{EA}$

$=\overline{AD}+\overline{DI}+\overline{IE}+\overline{EA}$

$=\overline{AD}+\square+\square+\overline{EA}$

$=\overline{AB}+\square$

$=\square+\square=\square$ (cm)

△ADE의 둘레의 길이는 $\overline{AB}+\overline{AC}$임을 알 수 있어!

02 $\overline{DE}$의 길이

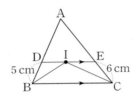

03 $\overline{BD}$의 길이

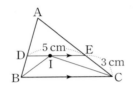

04 $\overline{CE}$의 길이

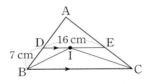

05 △ADE의 둘레의 길이

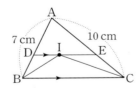

＊ 다음 그림에서 두 점 O, I는 각각 △ABC의 외심과 내심일 때, ∠x의 크기를 구하시오.

06

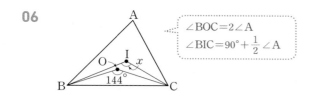

$$\angle BOC = 2\angle A$$
$$\angle BIC = 90° + \frac{1}{2}\angle A$$

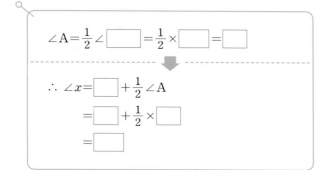

$$\angle A = \frac{1}{2}\angle \boxed{} = \frac{1}{2} \times \boxed{} = \boxed{}$$

$$\therefore \angle x = \boxed{} + \frac{1}{2}\angle A$$
$$= \boxed{} + \frac{1}{2} \times \boxed{}$$
$$= \boxed{}$$

07

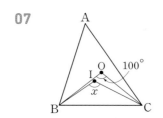

08

09 오른쪽 그림에서 두 점 O, I는 각각 $\overline{AB} = \overline{AC}$인 이등변삼각형 ABC의 외심과 내심일 때, ∠OBI의 크기를 구하시오.

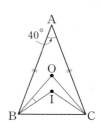

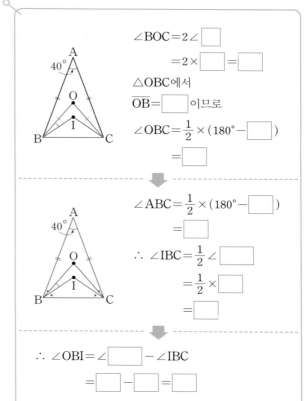

$$\angle BOC = 2\angle \boxed{}$$
$$= 2 \times \boxed{} = \boxed{}$$
△OBC에서
$$\overline{OB} = \boxed{}\text{이므로}$$
$$\angle OBC = \frac{1}{2} \times (180° - \boxed{})$$
$$= \boxed{}$$

$$\angle ABC = \frac{1}{2} \times (180° - \boxed{})$$
$$= \boxed{}$$
$$\therefore \angle IBC = \frac{1}{2}\angle \boxed{}$$
$$= \frac{1}{2} \times \boxed{}$$
$$= \boxed{}$$

$$\therefore \angle OBI = \angle \boxed{} - \angle IBC$$
$$= \boxed{} - \boxed{} = \boxed{}$$

＊ 오른쪽 그림에서 두 점 O, I는 각각 $\overline{AB} = \overline{AC}$인 **이등변삼각형** ABC의 외심과 내심일 때, 다음을 구하시오.

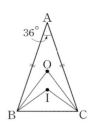

10   ∠OBC의 크기

11   ∠IBC의 크기

12   ∠OBI의 크기

01 오른쪽 그림의 이등변삼각형 ABC에서 $\overline{AD}$는 ∠A의 이등분선일 때, 다음 중 옳지 <u>않은</u> 것은?

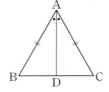

① ∠B=∠C

② ∠ADC=90°

③ $\overline{AB}=\overline{BC}$

④ $\overline{BD}=\overline{CD}$

⑤ △ABD≡△ACD

02 다음은 이등변삼각형 ABC에서 ∠B와 ∠C의 이등분선의 교점을 D라고 할 때, △DBC는 이등변삼각형임을 보이는 과정이다. ㈎~㈐에 알맞은 것을 쓰시오.

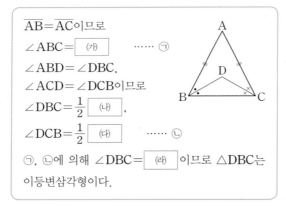

$\overline{AB}=\overline{AC}$이므로

∠ABC= ㈎   ······ ㉠

∠ABD=∠DBC,

∠ACD=∠DCB이므로

∠DBC=$\frac{1}{2}$ ㈏ ,

∠DCB=$\frac{1}{2}$ ㈐   ······ ㉡

㉠, ㉡에 의해 ∠DBC= ㈑ 이므로 △DBC는 이등변삼각형이다.

03 오른쪽 그림에서 $\overline{AB}=\overline{AC}=\overline{CD}$이고 ∠DCE=120°일 때, ∠x의 크기를 구하시오.

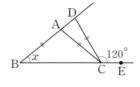

04 다음 중 오른쪽 그림의 두 직각삼각형이 서로 합동이 되도록 하는 조건이 <u>아닌</u> 것은?

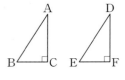

① $\overline{AB}=\overline{DE}$, $\overline{AC}=\overline{DF}$

② $\overline{AC}=\overline{DF}$, $\overline{BC}=\overline{EF}$

③ $\overline{AB}=\overline{DE}$, ∠A=∠D

④ $\overline{AB}=\overline{DE}$, ∠B=∠E

⑤ ∠A=∠D, ∠B=∠E

05 오른쪽 그림과 같은 직각삼각형 ABC에서 ∠x의 크기를 구하시오.

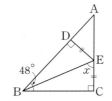

06 오른쪽 그림의 △ABC에서 ∠x의 크기를 구하시오.

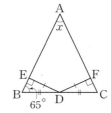

07 오른쪽 그림과 같이 직각이등변삼각형 ABC의 두 꼭짓점 B, C에서 점 A를 지나는 직선 l에 내린 수선의 발을 각각 D, E라고 할 때, $\overline{DE}$의 길이를 구하시오.

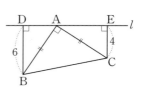

08 오른쪽 그림에서 반직선 AT는 원 O의 접선이고, ∠OBA=36°일 때, ∠x의 크기를 구하시오.

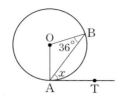

09 오른쪽 그림과 같은 직각삼각형 ABC에서 $\overline{AB}$=12 cm일 때, △ABC의 외접원의 넓이를 구하시오.

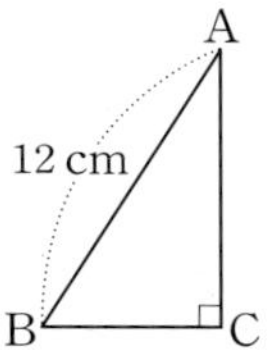

10 오른쪽 그림에서 점 O가 △ABC의 외심일 때, ∠x의 크기를 구하시오.

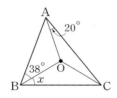

11 오른쪽 그림에서 점 I가 △ABC의 내심일 때, ∠x의 크기를 구하시오.

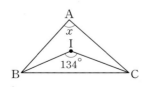

12 오른쪽 그림에서 점 I는 △ABC의 내심이고, △ABC의 넓이가 30 cm²일 때, △ABC의 둘레의 길이를 구하시오.

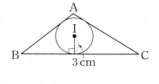

13 오른쪽 그림에서 점 I는 직각삼각형 ABC의 내심이다. 내접원의 반지름의 길이가 2 cm일 때, $\overline{AB}$의 길이를 구하시오.

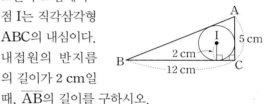

14 오른쪽 그림에서 점 I는 △ABC의 내심이고 $\overline{DE} \parallel \overline{BC}$일 때, △ADE의 둘레의 길이를 구하시오.

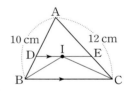

15 오른쪽 그림에서 두 점 O, I는 각각 △ABC의 외심과 내심일 때, ∠x의 크기를 구하시오.

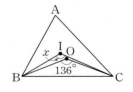

 피해가는 게임

✻ 게임 방법

① 💩 이 **있는** 칸은 지나갈 수 **없습니다.**

② 💩 이 **없는** 칸은 반드시 **지나가야** 합니다.

③ 한번 통과한 칸은 다시 지나갈 수 없습니다.

④ 가로와 세로 방향으로만 갈 수 있으며,
대각선으로는 갈 수 없습니다.

출발

도착

Chapter II
사각형의 성질

keyword

평행사변형, 사다리꼴, 등변사다리꼴, 마름모,
직사각형, 정사각형, 평행선과 높이, 넓이

Ⓥ 평행사변형 "마주 보는 것끼리 서로 같다!"

약속

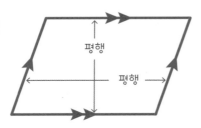

두 쌍의 대변이 각각 평행한 사각형을
평행사변형이라고 한다.

|참고|
대변 : 마주 보는 변
대각 : 마주 보는 각

성질

❶ 두 쌍의 대변의 길이가 각각
같다.

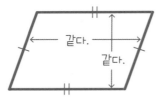

❷ 두 쌍의 대각의 크기가 각각
같다.

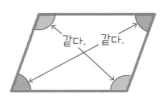

❸ 두 대각선은 서로 다른 것을
이등분한다.

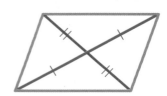

조건

이 조건을 만족하면 평행사변형이 된다. 평행사변형을 만드는 5가지 조건!

❶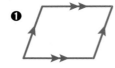
두 쌍의 대변이 각각
평행하다.
➡ 약속에서 온 조건

❷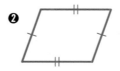
두 쌍의 대변의 길이가
각각 같다.
➡ 성질 ❶에서 온 조건

❸
두 쌍의 대각의
크기가 각각 같다.
➡ 성질 ❷에서 온 조건

❹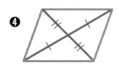
두 대각선은 서로 다른
것을 이등분한다.
➡ 성질 ❸에서 온 조건

❺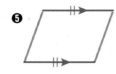
한 쌍의 대변이 평행하고,
그 길이가 같다.
➡ 약속+성질 ❶에서 온 조건

A 평행사변형의 넓이 "합동인 삼각형을 찾아라."

평행사변형에 두 대각선을 긋고, 대각선의 교점을 지나면서 두 쌍의
대변에 각각 평행한 선분 2개를 더 그어 보자. 삼각형이 8개 생기지?
이 중에서 합동인 삼각형을 찾아봐! 평행선의 성질을 이용해야 해.

▼ 두 대각선은 서로 다른 것을
 이등분한다.

▼ 두 대변이 서로 평행하므로 이때 생기는
 엇각, 동위각의 크기는 각각 같다.

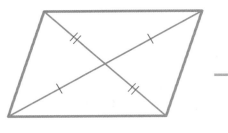

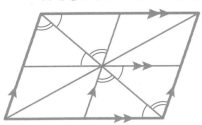

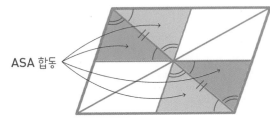

ASA 합동

◀ 색칠한 4개의 삼각형은 서로 합동이다.
 마찬가지로 색칠하지 않은 4개의 삼각형도
 서로 합동이다.

평행사변형의 넓이의 성질

❶ 평행사변형의 두 대각선에 의하여 만들
 어지는 삼각형 4개의 넓이는 같다.

넓이가 (○+△)로 같다.

❷ 평행사변형의 한 대각선은 평행사변형
 전체의 넓이를 이등분한다.

넓이가 (○+○+△+△)로 같다.

❸ 평행사변형 내부의 임의의 한 점에 대하
 여 색칠한 부분의 넓이는 평행사변형 넓
 이의 $\frac{1}{2}$이다.

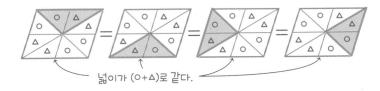

넓이가 (○+△+□+☆)로 같다.

$= \frac{1}{2} \times$

넓이가 (○+△+□+☆)의 2배

평행사변형

두 쌍의 대변이 각각 평행한 사각형

➡ □ABCD에서 $\overline{AB}\,/\!/\,\overline{DC}$, $\overline{AD}\,/\!/\,\overline{BC}$

|참고| ① 사각형 ABCD ➡ **기호** □ABCD

② 사각형에서 서로 마주 보는 변을 대변, 서로 마주 보는 각을 대각이라고 한다.

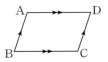

평행사변형의 성질

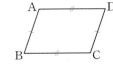

• 두 쌍의 대변의 길이는 각각 같다.

➡ $\overline{AB}=\overline{DC}$, $\overline{AD}=\overline{BC}$

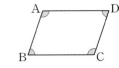

• 두 쌍의 대각의 크기는 각각 같다.

➡ $\angle A=\angle C$, $\angle B=\angle D$

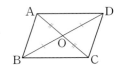

• 두 대각선은 서로 다른 것을 이등분한다.

➡ $\overline{OA}=\overline{OC}$, $\overline{OB}=\overline{OD}$

＊ 오른쪽 그림과 같은 평행사변형 ABCD에서 다음을 구하시오.

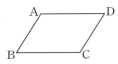

01 $\overline{AD}$의 대변

02 $\angle C$의 대각

＊ 오른쪽 그림과 같은 평행사변형 ABCD에 대하여 다음 중 옳은 것에는 ○표, 옳지 <u>않은</u> 것에는 ×표를 하시오.

03 $\overline{OA}=\overline{OB}$ ( )

04 $\angle ABC=\angle BCD$ ( )

05 $\angle ABC+\angle BCD=180°$ ( )

> 평행사변형은 이웃하는 두 내각의 크기의 합이 180°야.

＊ 다음 그림과 같은 평행사변형 ABCD에서 x, y의 값을 각각 구하시오.

06
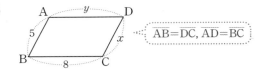

$\overline{AB}=\overline{DC}$, $\overline{AD}=\overline{BC}$

07
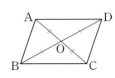

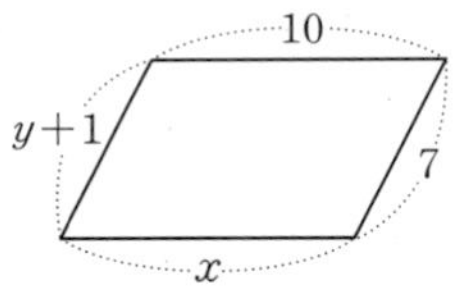

08
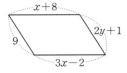

※ 다음 그림과 같은 평행사변형 ABCD에서 ∠x, ∠y의 크기를 각각 구하시오.

09

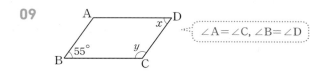

∠A=∠C, ∠B=∠D

10

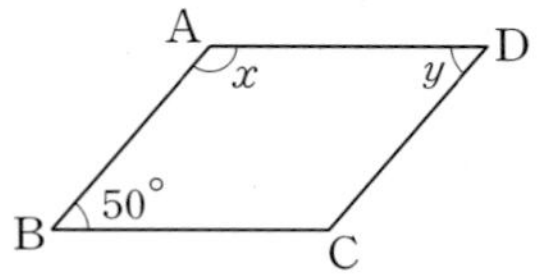

11

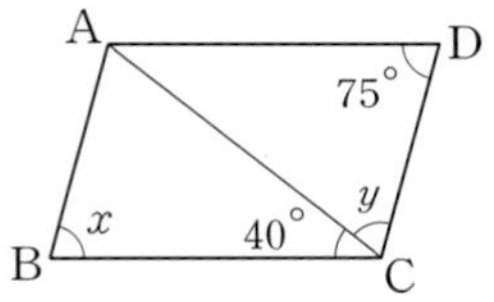

12

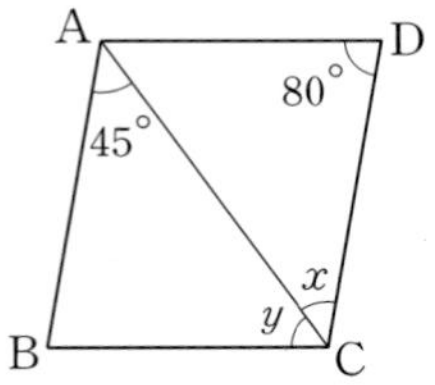

※ 다음 그림과 같은 평행사변형 ABCD에서 x, y의 값을 각각 구하시오.

13

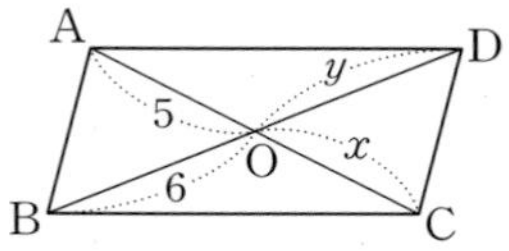

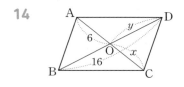

$\overline{OA}=\overline{OC}$, $\overline{OB}=\overline{OD}$

14

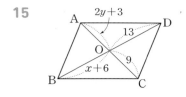

15

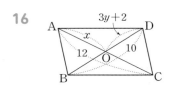

16

* 다음 그림과 같은 평행사변형 ABCD에서 ∠x의 크기를 구하시오.

01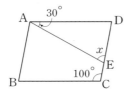

02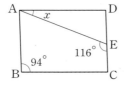

03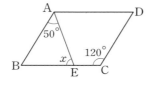

04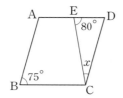

* 다음 그림과 같은 평행사변형 ABCD에서 ∠A : ∠B가 다음과 같을 때, ∠x의 크기를 구하시오.

05 ∠A : ∠B = 2 : 3

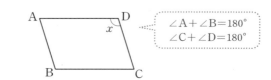

∠A + ∠B = 180°
∠C + ∠D = 180°

∠A + ∠B = ⬜ 이고

∠A : ∠B = ⬜ : ⬜ 이므로

∠B = ⬜ × $\dfrac{⬜}{5}$ = ⬜

∴ ∠x = ∠⬜ = ⬜

06 ∠A : ∠B = 5 : 4

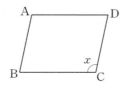

07 ∠A : ∠B = 2 : 1

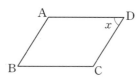

* **다음 그림과 같은 평행사변형 ABCD에서 ∠x의 크기를 구하시오.**

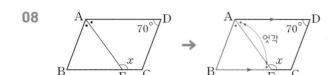

08

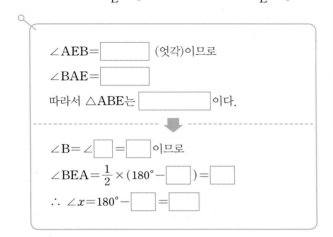

∠AEB=□ (엇각)이므로

∠BAE=□

따라서 △ABE는 □ 이다.

∠B=∠□=□ 이므로

∠BEA=$\frac{1}{2}$×(180°−□)=□

∴ ∠x=180°−□=□

09

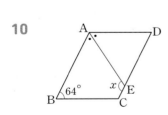

10

11

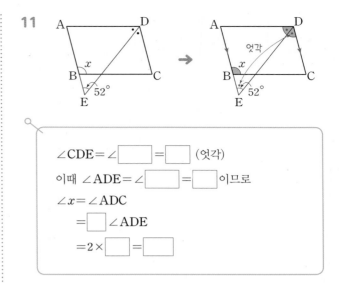

∠CDE=∠□=□ (엇각)

이때 ∠ADE=∠□=□ 이므로

∠x=∠ADC

  =□ ∠ADE

  =2×□=□

12

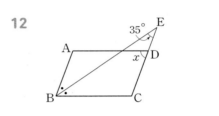

13

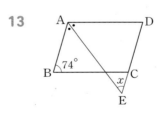

평행사변형의 성질 활용 2 _대변의 성질

* 다음 그림과 같은 평행사변형 ABCD에서 x의 값을 구하시오.

01

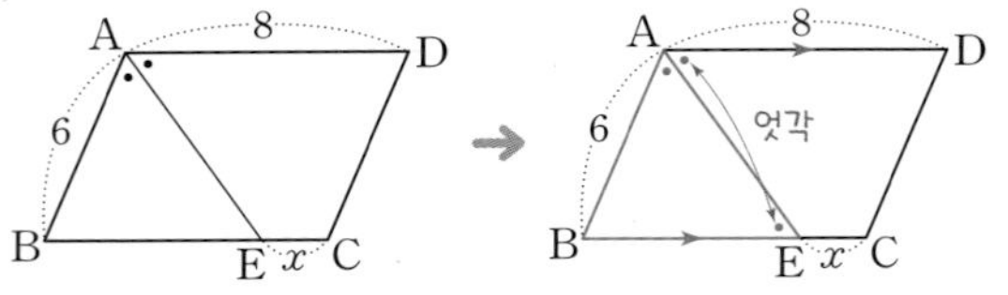

$\boxed{}$ $=\angle DAE$ (엇각)이므로

$\angle BAE=\boxed{}$

따라서 $\triangle ABE$는 $\boxed{}$이다.

$\overline{BE}=\overline{AB}=\boxed{}$이므로

$x=\overline{BC}-\overline{BE}=\boxed{}-\boxed{}=\boxed{}$

02

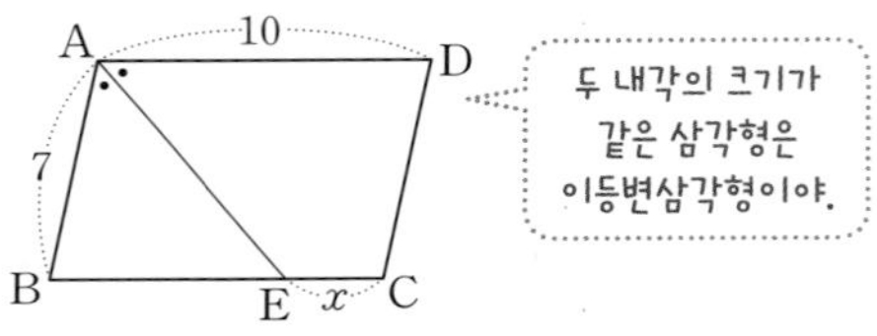

> 두 내각의 크기가 같은 삼각형은 이등변삼각형이야.

03

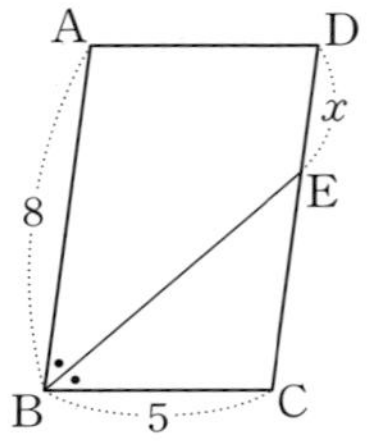

04

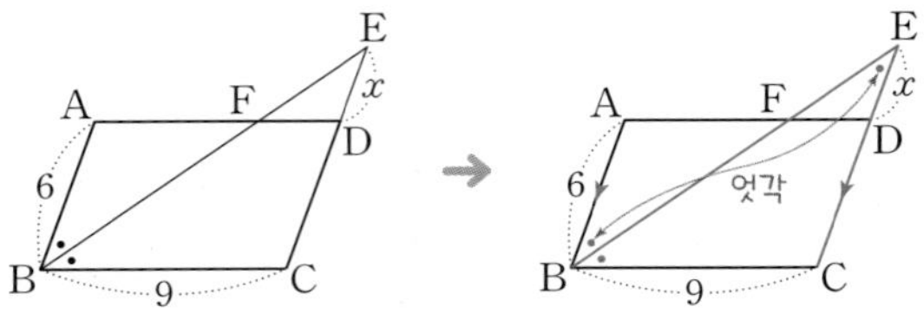

$\boxed{}$ $=\angle ABE$ (엇각)이므로

$\angle EBC=\boxed{}$

따라서 $\triangle BCE$는 $\boxed{}$이다.

$\overline{EC}=\overline{BC}=\boxed{}$이므로

$x=\overline{EC}-\overline{DC}=\boxed{}-6=\boxed{}$

05

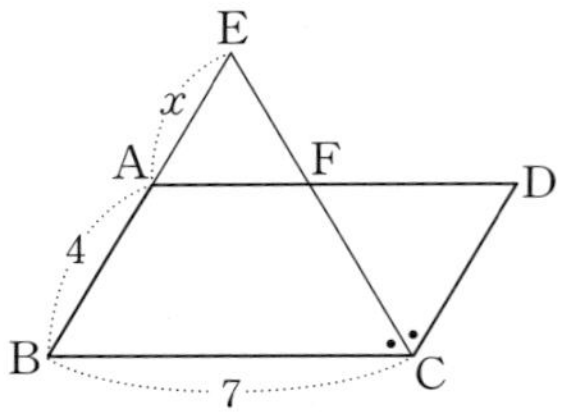

06

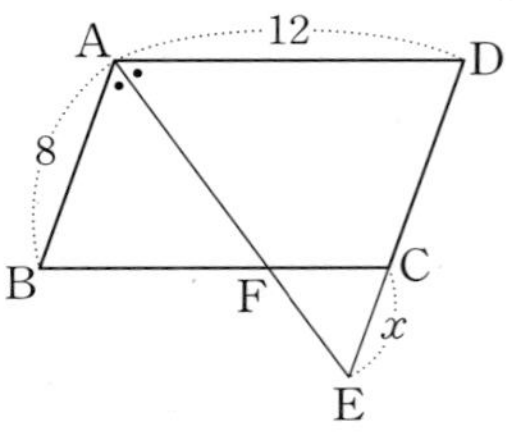

07

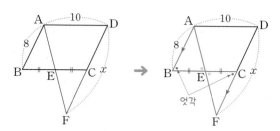

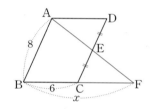

△ABE와 △FCE에서

∠ABE = ☐ (엇각), $\overline{BE}$ = ☐ ,

∠AEB = ☐ (맞꼭지각)

∴ △ABE ≡ △FCE (☐ 합동)

$\overline{CF}$ = $\overline{BA}$ = ☐ 이므로

x = $\overline{DC}$ + $\overline{CF}$ = ☐ + ☐ = ☐

08

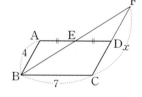

09

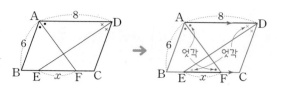

10

☐ = ∠DAF (엇각),

☐ = ∠ADE (엇각)이므로

△ABF와 △DEC는 각각 ☐ 이다.

$\overline{BF}$ = $\overline{AB}$ = ☐ , $\overline{CE}$ = $\overline{CD}$ = ☐ 이므로

x = $\overline{BF}$ + $\overline{CE}$ − $\overline{BC}$

= ☐ + ☐ − ☐

= ☐

11

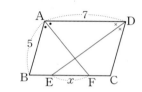

12

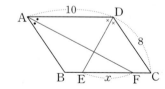

다음 조건 중 어느 하나를 만족시키는 사각형은 평행사변형이다.

- 두 쌍의 대변이 각각 평행히다.
  ➡ $\overline{AB} /\!/ \overline{DC}$, $\overline{AD} /\!/ \overline{BC}$

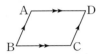

- 두 쌍의 대변의 길이가 각각 같다.
  ➡ $\overline{AB} = \overline{DC}$, $\overline{AD} = \overline{BC}$

- 두 쌍의 대각의 크기가 각각 같다.
  ➡ $\angle A = \angle C$, $\angle B = \angle D$

- 두 대각선이 서로 다른 것을 이등분한다.
  ➡ $\overline{OA} = \overline{OC}$, $\overline{OB} = \overline{OD}$

- 한 쌍의 대변이 평행하고 그 길이가 같다.
  ➡ $\overline{AB} /\!/ \overline{DC}$, $\overline{AB} = \overline{DC}$
  (또는 $\overline{AD} /\!/ \overline{BC}$, $\overline{AD} = \overline{BC}$)

＊ 오른쪽 그림과 같은 사각형 ABCD가 평행사변형이 되기 위한 조건을 □ 안에 알맞게 쓰시오.

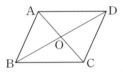

01 $\overline{AB} /\!/ \boxed{}$, $\overline{AD} /\!/ \boxed{}$

02 $\overline{AB} = \boxed{}$, $\overline{AD} = \boxed{}$

03 $\angle A = \boxed{}$, $\angle B = \boxed{}$

04 $\overline{OA} = \boxed{}$, $\overline{OB} = \boxed{}$

05 $\overline{AB} /\!/ \boxed{}$, $\overline{AB} = \boxed{}$

06 다음 □ABCD 중 평행사변형인 것을 고르고, 평행사변형이 되는 조건을 말하시오.

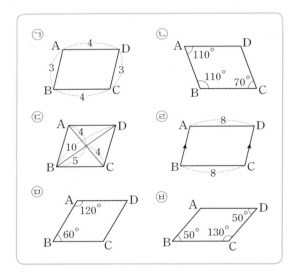

* 다음 중 오른쪽 □ABCD
가 평행사변형이 되는 조건
인 것에는 ○표, 아닌 것에
는 ×표를 하시오.

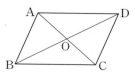

07 $\overline{AB}\,/\!/\,\overline{DC}$, $\overline{AD}\,/\!/\,\overline{BC}$ (   )

08 $\angle A=100°$, $\angle B=80°$ (   )

09 $\overline{AB}=5$, $\overline{BC}=7$, $\overline{CD}=5$, $\overline{AD}=7$ (   )

10 $\overline{OA}=4$, $\overline{OB}=4$, $\overline{OC}=5$, $\overline{OD}=5$ (   )

11 $\overline{AB}\,/\!/\,\overline{DC}$, $\overline{AB}=8$, $\overline{DC}=8$ (   )

12 $\angle A=70°$, $\angle B=110°$, $\angle C=70°$ (   )

* 다음 그림과 같은 □ABCD가 평행사변형이 되도록
□ 안에 알맞은 수를 쓰시오.

13

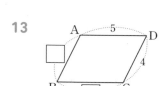

14

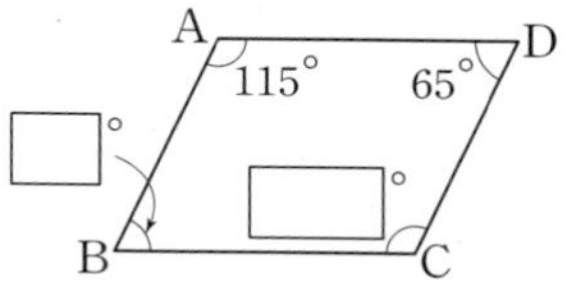

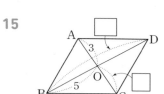

15

16

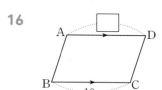

17

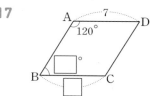

* 다음 그림과 같은 평행사변형 ABCD에 대하여 색칠한 사각형이 평행사변형임을 보이고, 이때 평행사변형이 되는 조건을 쓰시오.

01

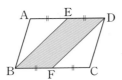

$\overline{AD} /\!/ \overline{BC}$이므로 $\overline{ED} \boxed{} \overline{BF}$ ······ ㉠

$\overline{AD}=\overline{BC}$이므로 $\frac{1}{2}\overline{AD}=\frac{1}{2}\boxed{}$

$\therefore \overline{ED}=\boxed{}$ ······ ㉡

㉠, ㉡에서 □EBFD는

$\boxed{}$

평행사변형이다.

02

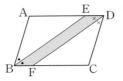

$\angle B=\angle D$이므로

$\angle EBF=\frac{1}{2}\angle B=\frac{1}{2}\angle D=\boxed{}$ ······ ㉠

$\angle AEB=\boxed{}$ (엇각),

$\angle DFC=\angle EDF (\boxed{})$이므로

$\angle AEB=\boxed{}$

$\therefore \angle DEB=\boxed{}$ ······ ㉡

㉠, ㉡에서 □EBFD는

$\boxed{}$

평행사변형이다.

03

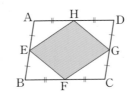

△AEH와 △CGF에서

$\overline{AE}=\frac{1}{2}\boxed{}=\frac{1}{2}\overline{DC}=\boxed{}$,

$\overline{AH}=\frac{1}{2}\overline{AD}=\frac{1}{2}\boxed{}=\boxed{}$,

$\angle A=\boxed{}$이므로

△AEH≡△CGF ($\boxed{}$ 합동)

$\therefore \overline{EH}=\boxed{}$ ······ ㉠

같은 방법으로 △BFE≡$\boxed{}$

$\therefore \overline{EF}=\boxed{}$ ······ ㉡

㉠, ㉡에서 □EFGH는

$\boxed{}$

평행사변형이다.

04

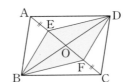

$\overline{OB}=\boxed{}$ ······ ㉠

$\overline{OA}=\boxed{}$이고 $\overline{AE}=\overline{CF}$이므로

$\overline{OE}=\boxed{}$ ······ ㉡

㉠, ㉡에서 □BFDE는

$\boxed{}$

평행사변형이다.

05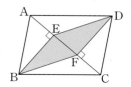

△ABE와 △CDF에서

∠BEA = ∠DFC = ☐ , $\overline{AB}$ = ☐ ,

∠BAE = ☐ (엇각)이므로

△ABE ≡ △CDF (☐ 합동)

∴ $\overline{BE}$ = ☐ ······ ㉠

∠BEF = ∠DFE = ☐ 이므로

$\overline{BE}$ ☐ $\overline{DF}$ ······ ㉡

㉠, ㉡에서 ☐BFDE는

☐

평행사변형이다.

07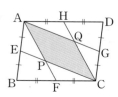

☐AFCH에서

$\overline{AH}$ ∥ ☐ , $\overline{AH}$ = ☐ 이므로

☐AFCH는 ☐ 이다.

∴ $\overline{AF}$ ∥ $\overline{HC}$, 즉 $\overline{AP}$ ∥ ☐ ······ ㉠

또한 ☐AECG에서

$\overline{AE}$ ∥ ☐ , $\overline{AE}$ = ☐ 이므로

☐AECG는 ☐ 이다.

∴ $\overline{AG}$ ∥ $\overline{EC}$, 즉 ☐ ∥ $\overline{PC}$ ······ ㉡

㉠, ㉡에서 ☐APCQ는

☐

평행사변형이다.

06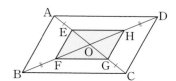

$\overline{AO}$ = $\overline{CO}$이고 $\overline{AE}$ = $\overline{CG}$이므로

$\overline{EO}$ = ☐ ······ ㉠

$\overline{BO}$ = $\overline{DO}$이고 $\overline{BF}$ = $\overline{DH}$이므로

$\overline{FO}$ = ☐ ······ ㉡

㉠, ㉡에서 ☐EFGH는

☐

평행사변형이다.

08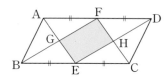

$\overline{EF}$를 그으면

두 평행사변형 ABEF, FECD에서

$\overline{FB}$ = $\overline{DE}$이므로 $\overline{FG}$ = ☐ ······ ㉠

$\overline{AE}$ = $\overline{FC}$이므로 $\overline{GE}$ = ☐ ······ ㉡

㉠, ㉡에서 ☐GEHF는

☐

평행사변형이다.

평행사변형의 넓이는 한 대각선에 의하여 이등분된다.

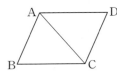 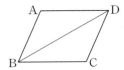

$$\Rightarrow \triangle ABC = \triangle ACD = \frac{1}{2}\square ABCD$$

$$\triangle ABD = \triangle BCD = \frac{1}{2}\square ABCD$$

평행사변형의 넓이는 두 대각선에 의하여 4등분된다.

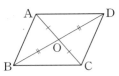

$$\Rightarrow \triangle ABO = \triangle BCO = \triangle CDO = \triangle DAO$$

$$= \frac{1}{4}\square ABCD$$

---

* 아래 그림과 같은 평행사변형 ABCD의 넓이가 $52 \ cm^2$일 때, 다음을 구하시오.

01 △ABC의 넓이

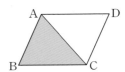

02 △BCD의 넓이

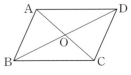

03 △AOD의 넓이

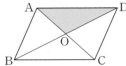

(단, 점 O는 두 대각선의 교점이다.)

* 오른쪽 그림과 같은 평행사변형 ABCD에서 △AOD의 넓이가 $8 \ cm^2$일 때, 다음 도형의 넓이를 구하시오.

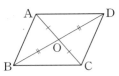

04 △ABO

05 △ABC

06 □ABCD

* 오른쪽 그림과 같은 평행사변형 ABCD에서 △OCD의 넓이가 $12 \ cm^2$일 때, 다음 도형의 넓이를 구하시오.

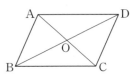

07 △AOD

08 □ABCD

평행사변형 ABCD의 내부의 임의의 한 점 P에 대하여

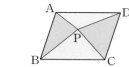

➡ $\triangle PAB + \triangle PCD = \triangle PDA + \triangle PBC$
$= \frac{1}{2}\square ABCD$

|참고| 점 P를 지나고 $\overline{AB}$, $\overline{BC}$에 평행한 직선을 그으면

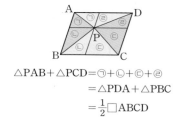

$\triangle PAB + \triangle PCD = ㉠+㉡+㉢+㉣$
$= \triangle PDA + \triangle PBC$
$= \frac{1}{2}\square ABCD$

---

* 아래 그림과 같은 평행사변형 ABCD의 넓이가 30 cm²일 때, 내부의 한 점 P에 대하여 다음을 구하시오.

09 $\triangle ABP$와 $\triangle PCD$의 넓이의 합

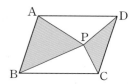

10 $\triangle APD$와 $\triangle PBC$의 넓이의 합

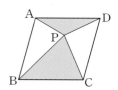

11 $\triangle ABP = 7$ cm²일 때, $\triangle PCD$의 넓이

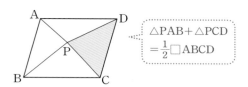

$\triangle PAB + \triangle PCD = \frac{1}{2}\square ABCD$

* 아래 그림과 같은 평행사변형 ABCD의 내부의 한 점 P에 대하여 다음을 구하시오.

12 $\triangle APD = 13$ cm², $\triangle PBC = 6$ cm²일 때, $\triangle PAB$와 $\triangle PCD$의 넓이의 합

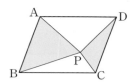

13 $\triangle ABP = 8$ cm², $\triangle APD = 5$ cm², $\triangle PCD = 9$ cm²일 때, $\triangle PBC$의 넓이

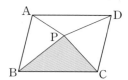

14 $\triangle PCD = 10$ cm²일 때, $\triangle PAB$의 넓이

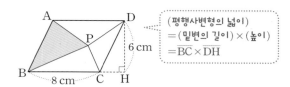

(평행사변형의 넓이)
=(밑변의 길이)×(높이)
=$\overline{BC}×\overline{DH}$

여러 가지 사각형

Ⅴ 사각형의 종류 "사각형의 특징에 따라 이름이 달라진다!"

사다리꼴을 평행사변형으로 만들려면 어떤 조건이 더 필요할까?
이런 문제를 풀 때 사각형의 '정의'와 '성질'을 알고 있는 것이 중요해.
사각형의 특징을 다음 4가지 관점에서 살펴보자.

① 평행한 대변의 개수, ② 변의 길이, ③ 각의 크기, ④ 대각선

▶ 사다리꼴

① 한 쌍의 대변이 평행하다.

▶ 등변사다리꼴

① 한 쌍의 대변이 평행하다.
② 평행한 두 변을 제외한 다른 두 변의 길이가 같다.
③ 밑변의 양 끝 각의 크기가 같다.
④ 두 대각선의 길이가 같다.

▶ 평행사변형

① 두 쌍의 대변이 평행하다.
② 두 쌍의 대변의 길이가 같다.
③ 두 쌍의 대각의 크기가 같다.
④ 두 대각선이 서로 다른 것을 이등분한다.

▶ 직사각형

① 두 쌍의 대변이 평행하다.
② 두 쌍의 대변의 길이가 같다.
③ 네 각이 모두 직각이다.
④ 두 대각선의 길이가 같고, 서로 다른 것을 이등분한다.

▶ 마름모

① 두 쌍의 대변이 평행하다.
② 네 변의 길이가 모두 같다.
③ 두 쌍의 대각의 크기가 같다.
④ 두 대각선이 서로 다른 것을 수직이등분한다.

▶ 정사각형

① 두 쌍의 대변이 평행하다.
② 네 변의 길이가 모두 같다.
③ 네 각이 모두 직각이다.
④ 두 대각선의 길이가 같고, 서로 다른 것을 수직이등분한다.

A 사각형의 관계

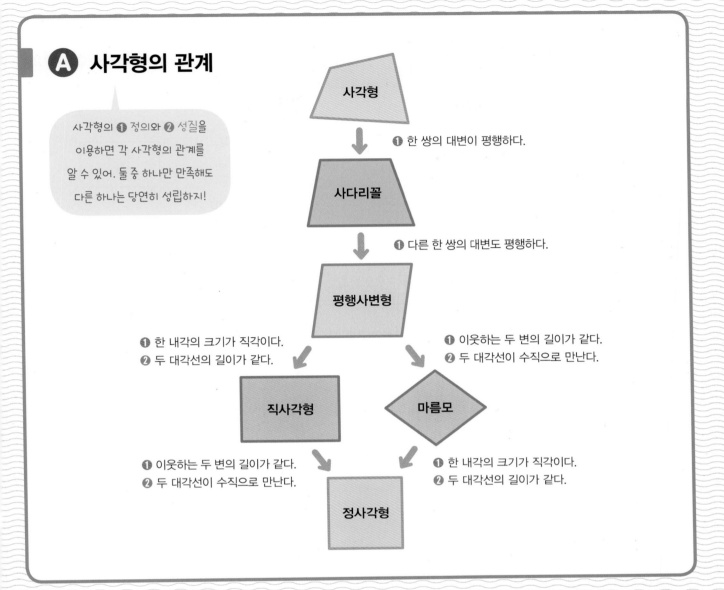

사각형의 ❶ 정의와 ❷ 성질을 이용하면 각 사각형의 관계를 알 수 있어. 둘 중 하나만 만족해도 다른 하나는 당연히 성립하지!

사각형

❶ 한 쌍의 대변이 평행하다.

사다리꼴

❶ 다른 한 쌍의 대변도 평행하다.

평행사변형

❶ 한 내각의 크기가 직각이다.
❷ 두 대각선의 길이가 같다.

❶ 이웃하는 두 변의 길이가 같다.
❷ 두 대각선이 수직으로 만난다.

직사각형

마름모

❶ 이웃하는 두 변의 길이가 같다.
❷ 두 대각선이 수직으로 만난다.

❶ 한 내각의 크기가 직각이다.
❷ 두 대각선의 길이가 같다.

정사각형

◆ 사각형의 포함 관계

마주 보는 변이 평행한 평행사변형은 한 쌍의 대변이 평행한 사다리꼴이라고도 할 수 있습니다. 정사각형은 두 쌍의 대변이 평행하므로 평행사변형이라고도 할 수 있고, 네 변의 길이가 같으므로 마름모라고도 할 수 있죠. 사각형의 정의와 성질을 잘 살펴보면 사각형 사이의 포함 관계를 쉽게 알 수 있어요.

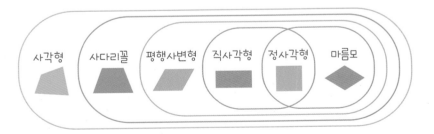

직사각형

네 내각의 크기가 모두 같은 사각형

➡ ∠A=∠B=∠C=∠D

| 참고 | 직사각형은 두 쌍의 대각의 크기가 각각 같으므로 평행사변형이다.

직사각형의 성질

두 대각선은 길이가 같고, 서로 다른 것을 이등분한다.

➡ $\overline{AC}=\overline{BD}$

$\overline{OA}=\overline{OB}=\overline{OC}=\overline{OD}$

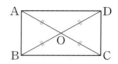

---

01 오른쪽 그림과 같은 직사각형 ABCD에 대하여 다음 중 옳은 것을 모두 고르시오. (단, 점 O는 두 대각선의 교점이다.)

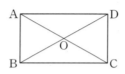

㉠ $\overline{AB}=\overline{AD}$ ㉡ $\overline{OA}=\overline{OB}$

㉢ ∠ABC=90°   ㉣ ∠BAO=∠DAO

* 오른쪽 그림과 같은 직사각형 ABCD에서 다음을 구하시오. (단, 점 O는 두 대각선의 교점이다.)

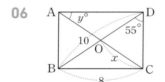

02 $\overline{BD}$의 길이

03 $\overline{OC}$의 길이

04 ∠BDC의 크기

05 ∠DBC의 크기

* 다음 그림과 같은 직사각형 ABCD에서 x, y의 값을 각각 구하시오. (단, 점 O는 두 대각선의 교점이다.)

06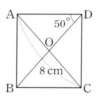

07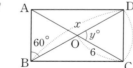

08

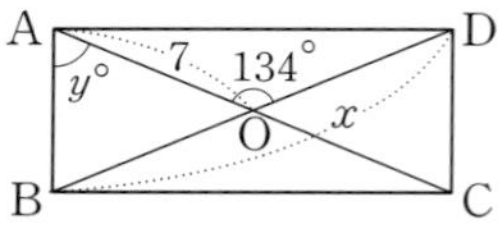

마름모

마름모

네 변의 길이가 모두 같은 사각형

➡ $\overline{AB}=\overline{BC}=\overline{CD}=\overline{DA}$

|참고| 마름모는 두 쌍의 대 변의 길이가 각각 같으므로 평행사변형이다.

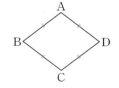

마름모의 성질

두 대각선은 서로 다른 것을 수직이등분한다.

➡ $\overline{OA}=\overline{OC}$, $\overline{OB}=\overline{OD}$

$\overline{AC}\perp\overline{BD}$

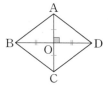

---

09 오른쪽 그림과 같은 마름모 ABCD에 대하여 다음 중 옳은 것을 모두 고르시오. (단, 점 O는 두 대각선의 교점이다.)

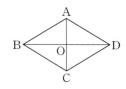

㉠ $\overline{AC}=\overline{BD}$	㉡ $\overline{OA}=\overline{OD}$
㉢ $\overline{AC}\perp\overline{BD}$	㉣ $\angle BAD=\angle BCD$

---

* 오른쪽 그림과 같은 마름모 ABCD에서 다음을 구하시오. (단, 점 O는 두 대각선의 교점이다.)

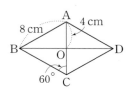

10 $\overline{AD}$의 길이

11 $\overline{AC}$의 길이

12 $\angle AOD$의 크기

13 $\angle OBC$의 크기

---

* 다음 그림과 같은 마름모 ABCD에서 x, y의 값을 각각 구하시오. (단, 점 O는 두 대각선의 교점이다.)

14

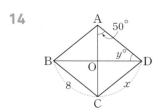

15

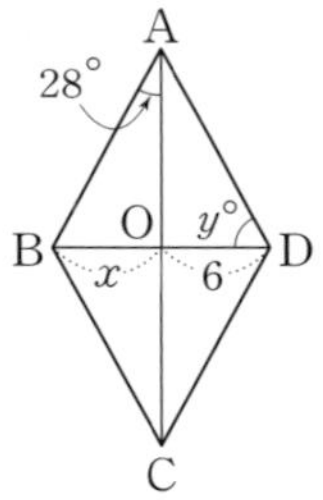

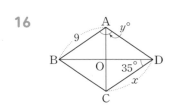

16

사각형이 되기 위한 조건 1 _평행사변형

평행사변형이 직사각형이 되는 조건

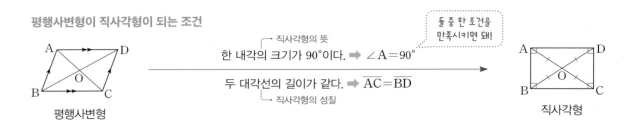

평행사변형

직사각형의 뜻
한 내각의 크기가 90°이다. ➡ ∠A=90°

두 대각선의 길이가 같다. ➡ $\overline{AC}=\overline{BD}$
└ 직사각형의 성질

둘 중 한 조건을 만족시키면 돼!

직사각형

---

* 다음 중 아래 그림의 평행사변형 ABCD가 직사각형이 되기 위한 조건인 것에는 ○표, 아닌 것에는 ×표를 하시오. (단, 점 O는 두 대각선의 교점이다.)

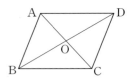

01 ∠A=90° ( )

02 $\overline{AB}=\overline{BC}$ ( )

03 $\overline{AC}=\overline{BD}$ ( )

04 $\overline{AC}\perp\overline{BD}$ ( )

05 ∠B+∠D=180° ( )

---

* 다음 그림과 같은 평행사변형 ABCD가 직사각형이 되기 위한 x의 값을 구하시오.

(단, 점 O는 두 대각선의 교점이다.)

06

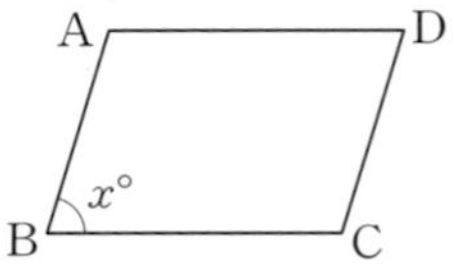

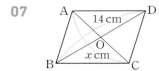

07

08

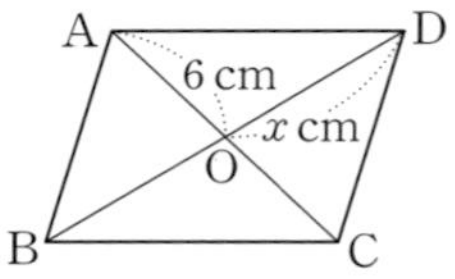

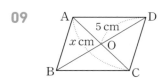

09

평행사변형이 마름모가 되는 조건

마름모의 뜻
이웃하는 두 변의 길이가 같다. ➡ $\overline{AB}=\overline{BC}$

두 대각선이 서로 수직이다. ➡ $\overline{AC}\perp\overline{BD}$
마름모의 성질

평행사변형

마름모

---

* 다음 중 아래 그림의 평행사변형 ABCD가 마름모가 되기 위한 조건인 것에는 ○표, **아닌** 것에는 ×표를 하시오. (단, 점 O는 두 대각선의 교점이다.)

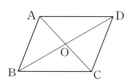

10 $\overline{AB}=\overline{AD}$ ( )

11 $\overline{OA}=\overline{OB}$ ( )

12 $\angle BOC=90°$ ( )

13 $\angle A=\angle B$ ( )

14 $\angle ABD=\angle ADB$ ( )

* 다음 그림과 같은 평행사변형 ABCD가 마름모가 되기 위한 x의 값을 구하시오.

15

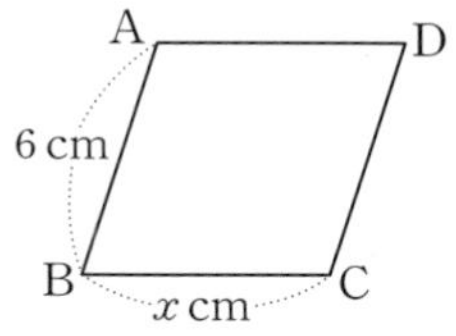

6 cm, x cm

16

$x°$

17

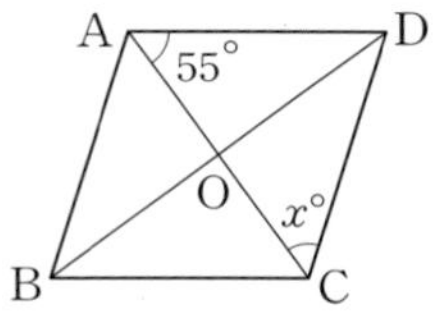

55°, $x°$

18

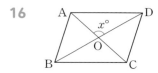

48°, $x°$

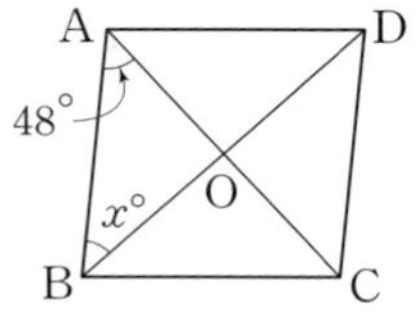

정사각형

네 변의 길이가 모두 같고, 네 내각
의 크기가 모두 같은 사각형

➡ $\overline{AB}=\overline{BC}=\overline{CD}=\overline{DA}$

   $\angle A=\angle B=\angle C=\angle D$

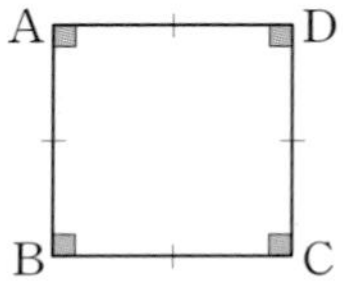

|참고| 정사각형은 네 변의 길이가 모두 같으므로 마름모이고, 네
     내각의 크기가 모두 같으므로 직사각형이다.

정사각형의 성질

두 대각선은 길이가 같고, 서로 다
른 것을 수직이등분한다.

➡ $\overline{AC}=\overline{BD}$, $\overline{AC}\perp\overline{BD}$

   $\overline{OA}=\overline{OB}=\overline{OC}=\overline{OD}$

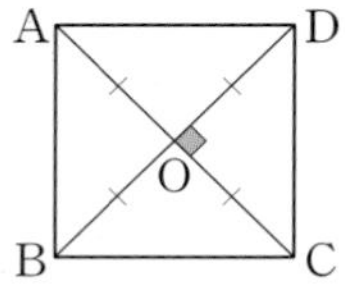

---

01 오른쪽 그림과 같은 정사각형
ABCD에 대하여 다음 중 옳
은 것을 모두 고르시오.
(단, 점 O는 두 대각선의 교
점이다.)

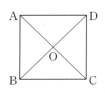

┌─────────────────────────────────┐
│ ㉠ $\overline{AC}=\overline{BC}$ ㉡ $\overline{OC}=\overline{OD}$ │
│ ㉢ $\angle BOC=90°$ ㉣ $\angle ABC=\angle BCD$ │
└─────────────────────────────────┘

* 오른쪽 그림과 같은 정사각형
ABCD에서 다음을 구하시오.
(단, 점 O는 두 대각선의 교점이
다.)

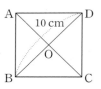

02 $\overline{AC}$의 길이

03 $\overline{OC}$의 길이

04 $\angle AOD$의 크기

05 $\angle ADB$의 크기

* 다음 그림과 같은 정사각형 ABCD에서 x, y의 값을
각각 구하시오. (단, 점 O는 두 대각선의 교점이다.)

06

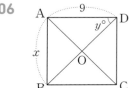

07

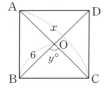

08

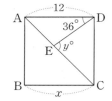

등변사다리꼴

스피드 정답 : 04쪽
친절한 풀이 : 18쪽

사다리꼴
한 쌍의 대변이 평행한 사각형

등변사다리꼴
아랫변의 양 끝 각의 크기가 같은 사다리꼴
➡ $\overline{AD} /\!/ \overline{BC}$, $\angle B = \angle C$

등변사다리꼴의 성질
· 평행하지 않은 한 쌍의 대변의 길이가 같다.
➡ $\overline{AB} = \overline{DC}$
· 두 대각선의 길이가 같다.
➡ $\overline{AC} = \overline{BD}$

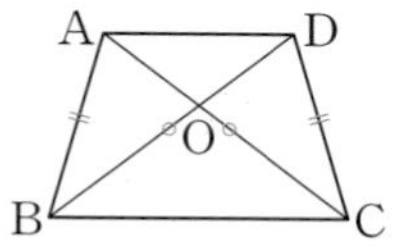

| 참고 | $\overline{AD} /\!/ \overline{BC}$인 등변사다리꼴 ABCD에서
· $\angle A = \angle D$, $\angle B = \angle C$
· $\angle A + \angle C = 180°$, $\angle B + \angle D = 180°$

---

09 오른쪽 그림과 같은 등변사다리꼴 ABCD에 대하여 다음 중 옳은 것을 모두 고르시오. (단, 점 O는 두 대각선의 교점이다.)

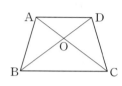

> ㉠ $\overline{AC} = \overline{BD}$ ㉡ $\overline{AB} = \overline{DC}$
> ㉢ $\angle BAD = \angle ABC$ ㉣ $\triangle OAD \equiv \triangle OBC$

---

* 오른쪽 그림과 같이 $\overline{AD} /\!/ \overline{BC}$인 등변사다리꼴 ABCD에서 다음을 구하시오. (단, 점 O는 두 대각선의 교점이다.)

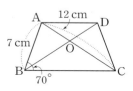

10 $\overline{DC}$의 길이

11 $\overline{BD}$의 길이

12 $\angle BCD$의 크기

13 $\angle ADC$의 크기

---

* **다음 그림과 같이 $\overline{AD} /\!/ \overline{BC}$인 등변사다리꼴 ABCD에서 x, y의 값을 각각 구하시오.**
(단, 점 O는 두 대각선의 교점이다.)

14

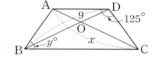

15

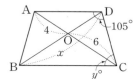

16

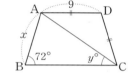

사각형이 되기 위한 조건 2 _정사각형

스피드 정답 : 04쪽
친절한 풀이 : 19쪽

직사각형이 정사각형이 되는 조건

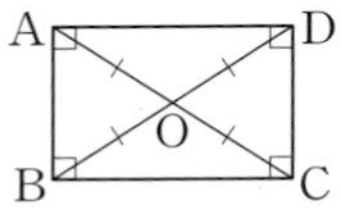

직사각형

이웃하는 두 변의 길이가 같다. ➡ $\overline{AB}=\overline{BC}$

두 대각선이 서로 수직이다. ➡ $\overline{AC}\perp\overline{BD}$
└ 마름모의 성질

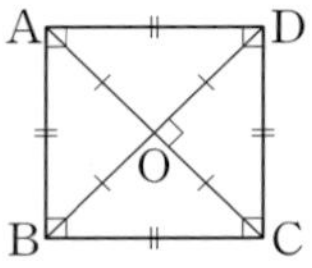

마름모가 정사각형이 되는 조건

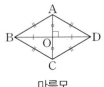

마름모

한 내각의 크기가 90°이다. ➡ ∠A=90°

두 대각선의 길이가 같다. ➡ $\overline{AC}=\overline{BD}$
└ 직사각형의 성질

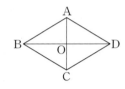

정사각형

---

* 다음 중 오른쪽 그림의 직사각형 ABCD가 정사각형이 되기 위한 조건인 것에는 ○표, **아닌** 것에는 ×표를 하시오.

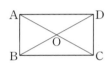

01 $\overline{BC}=\overline{CD}$　　　　　(　　)

02 $\overline{AC}=\overline{BD}$　　　　　(　　)

03 $\overline{AC}\perp\overline{BD}$　　　　　(　　)

04 ∠AOB=∠BOC　　(　　)

05 ∠A=∠D　　　　　(　　)

* 다음 중 오른쪽 그림의 마름모 ABCD가 정사각형이 되기 위한 조건인 것에는 ○표, **아닌** 것에는 ×표를 하시오.

06 $\overline{OA}=\overline{OC}$　　　　　(　　)

07 $\overline{OC}=\overline{OD}$　　　　　(　　)

08 ∠BAC=∠DAC　　(　　)

09 $\overline{AC}\perp\overline{BD}$　　　　　(　　)

10 ∠A=∠B　　　　　(　　)

* 다음 그림과 같은 직사각형 ABCD가 정사각형이 되기 위한 x의 값을 구하시오.

11
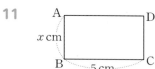

12
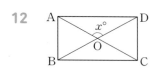

* 다음 그림과 같은 마름모 ABCD가 정사각형이 되기 위한 x의 값을 구하시오.

13
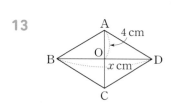

14
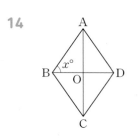

* 오른쪽 그림과 같은 평행사변형 ABCD가 다음 조건을 만족시킬 때, 어떤 사각형이 되는지 말하시오.

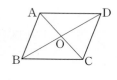

15 $\overline{AB}=\overline{AD}$

16 $\overline{OA}=\overline{OB}$

17 $\overline{AC}\perp\overline{BD}$

18 $\angle A=\angle B$

19 $\angle OBC=\angle ODC$

20 $\angle A=90°$이고 $\overline{AC}\perp\overline{BD}$

21 $\overline{AB}=\overline{BC}$이고 $\overline{AC}=\overline{BD}$

여러 가지 사각형 사이의 관계

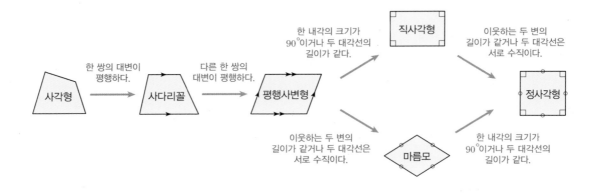

한 쌍의 대변이 평행하다. / 사각형 → 사다리꼴

다른 한 쌍의 대변이 평행하다. / 사다리꼴 → 평행사변형

한 내각의 크기가 90°이거나 두 대각선의 길이가 같다. → 직사각형

이웃하는 두 변의 길이가 같거나 두 대각선은 서로 수직이다. → 정사각형

이웃하는 두 변의 길이가 같거나 두 대각선은 서로 수직이다. → 마름모

한 내각의 크기가 90°이거나 두 대각선의 길이가 같다. → 정사각형

||||||||||||||||||||||||||||||||||||||||||||||||||||||||||||||||||||||||||||||||||||||||||||||||||||||||||||||||||||||||||||||||||||||||||||||||||||||||||||||||||

01 다음 ① ~ ⑤에 알맞은 것을 쓰시오.

02 다음 각 사각형에 대하여 그 사각형의 성질인 것에는 ○표, 아닌 것에는 ×표를 하시오.

성질 도형	평행사변형	직사각형	마름모	정사각형
두 쌍의 대변의 길이가 각각 같다.				
두 쌍의 대각의 크기가 각각 같다.				
네 변의 길이가 모두 같다.				

＊ **다음 사각형에 대한 설명 중 옳은 것에는 ○표, 옳지 않은 것에는 ×표를 하시오.**

03 평행사변형은 사다리꼴이다. ( )

04 직사각형은 정사각형이다. ( )

05 정사각형은 마름모이다. ( )

06 한 내각의 크기가 90°인 평행사변형은 정사각형이다. ( )

대각선의 성질

- 두 대각선이 서로 다른 것을 이등분한다. ➡ 평행사변형, 직사각형, 마름모, 정사각형
- 두 대각선의 길이가 같다. ➡ 등변사다리꼴, 직사각형, 정사각형
- 두 대각선이 서로 수직이다. ➡ 마름모, 정사각형

사각형의 각 변의 중점을 연결하여 만든 사각형

- 사각형 ➡ 평행사변형

- 평행사변형 ➡ 평행사변형

- 직사각형 ➡ 마름모

- 마름모 ➡ 직사각형

- 정사각형 ➡ 정사각형

- 등변사다리꼴 ➡ 마름모

---

* **다음을 만족시키는 사각형을 보기 에서 모두 고르시오.**

> **보기**
>
> ㉠ 사다리꼴   ㉡ 평행사변형
> ㉢ 직사각형   ㉣ 마름모
> ㉤ 정사각형   ㉥ 등변사다리꼴

07 두 대각선의 길이가 모두 같다.

08 두 대각선이 서로 다른 것을 이등분한다.

09 두 대각선이 서로 다른 것을 수직이등분한다.

10 두 대각선의 길이가 같고, 서로 다른 것을 수직이등분한다.

* **다음은 사각형과 그 사각형의 각 변의 중점을 차례대로 연결하여 만든 사각형을 짝 지은 것이다. 옳은 것에는 ○표, 옳지 않은 것에는 ×표를 하시오.**

11 평행사변형 ➡ 직사각형   (   )

12 직사각형 ➡ 마름모   (   )

13 마름모 ➡ 마름모   (   )

14 정사각형 ➡ 정사각형   (   )

15 등변사다리꼴 ➡ 마름모   (   )

여러 가지 사각형의 활용

정사각형의 활용

* 다음 그림과 같은 정사각형 ABCD의 대각선 AC 위에 한 점 P가 있을 때, $\angle x$의 크기를 구하시오.

01

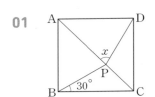

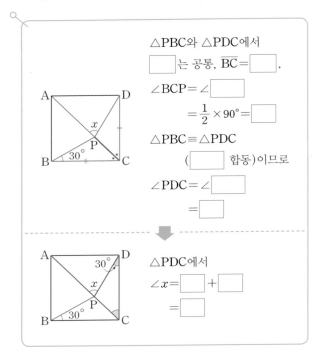

△PBC와 △PDC에서

□ 는 공통, $\overline{BC}=$ □ ,

$\angle BCP=\angle$ □

$\quad=\dfrac{1}{2}\times 90°=$ □

△PBC≡△PDC

(□ 합동)이므로

$\angle PDC=\angle$ □

$\quad=$ □

△PDC에서

$\angle x=$ □ $+$ □

$\quad=$ □

02

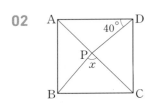

* 다음 그림과 같은 정사각형 ABCD에서 $\overline{BE}=\overline{CF}$일 때, $\angle x$의 크기를 구하시오.

03

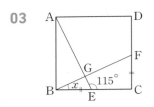

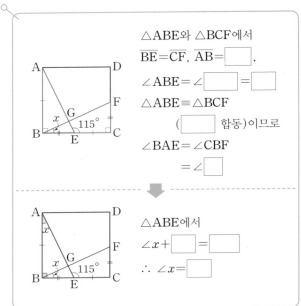

△ABE와 △BCF에서

$\overline{BE}=\overline{CF}$, $\overline{AB}=$ □ ,

$\angle ABE=\angle$ □ $=$ □

△ABE≡△BCF

(□ 합동)이므로

$\angle BAE=\angle CBF$

$\quad=\angle$ □

△ABE에서

$\angle x+$ □ $=$ □

$\therefore\ \angle x=$ □

04

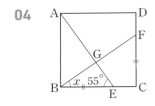

유형 2 　**등변사다리꼴의 활용**

* 다음 그림과 같이 $\overline{AD}$ ∥ $\overline{BC}$인 등변사다리꼴 ABCD 에서 x의 값을 구하시오.

05

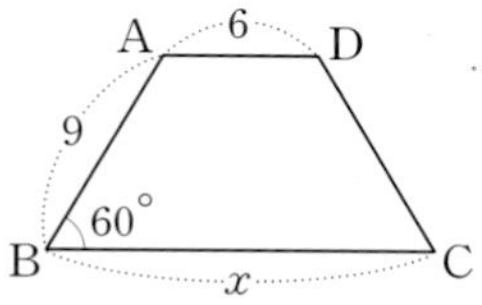

$\overline{DC}$와 평행한 보조선을 그어 등변사다리꼴의 성질을 이용하자!

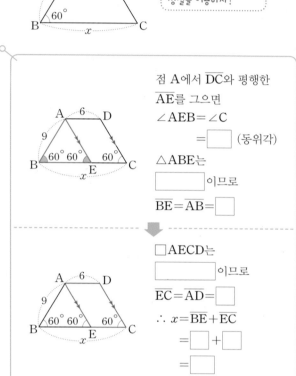

점 A에서 $\overline{DC}$와 평행한 $\overline{AE}$를 그으면

$\angle AEB = \angle C$

　　　$= \boxed{}$ (동위각)

$\triangle ABE$는

$\boxed{}$ 이므로

$\overline{BE} = \overline{AB} = \boxed{}$

□AECD는

$\boxed{}$ 이므로

$\overline{EC} = \overline{AD} = \boxed{}$

$\therefore x = \overline{BE} + \overline{EC}$

　　　$= \boxed{} + \boxed{}$

　　　$= \boxed{}$

06

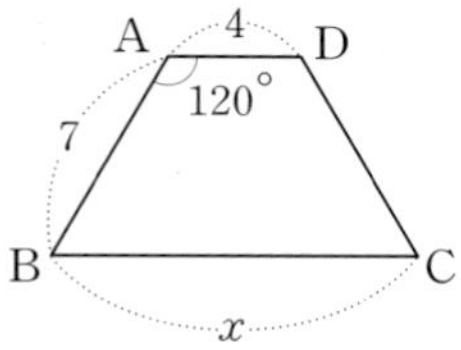

07

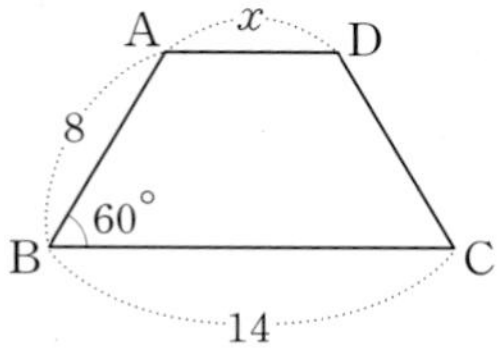

08

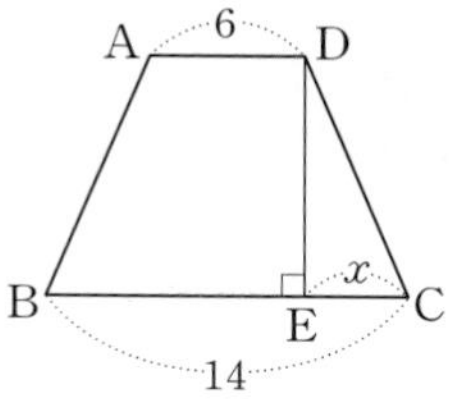

$\overline{BC}$에 수직인 보조선을 그어 등변사다리꼴의 성질을 이용하자!

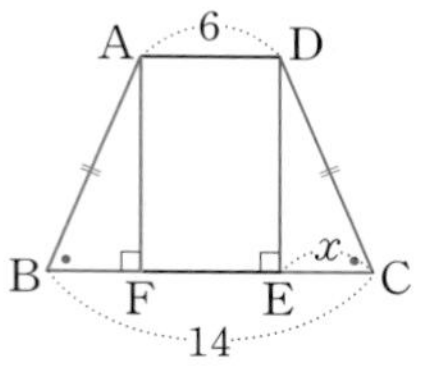

점 A에서 $\overline{BC}$에 수직인 $\overline{AF}$를 그으면

$\triangle ABF$와 $\triangle DCE$에서

$\angle BFA = \angle CED = \boxed{}$,

$\overline{AB} = \boxed{}$, $\angle B = \boxed{}$

$\therefore \triangle ABF \equiv \triangle DCE$

　　　($\boxed{}$ 합동)

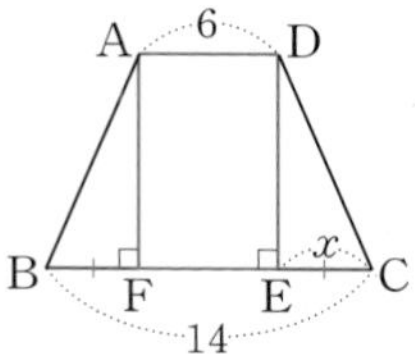

$\overline{FE} = \overline{AD} = \boxed{}$ 이고

$\overline{BF} = \overline{CE}$ 이므로

$x = \dfrac{1}{2} \times (14 - \boxed{})$

　$= \boxed{}$

09

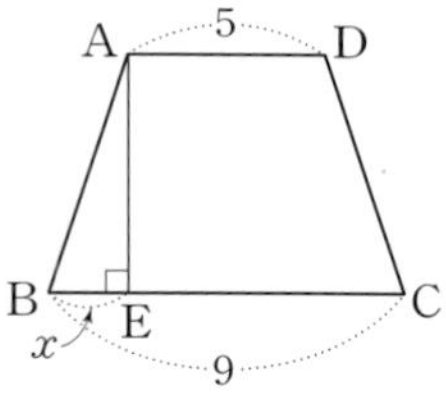

10

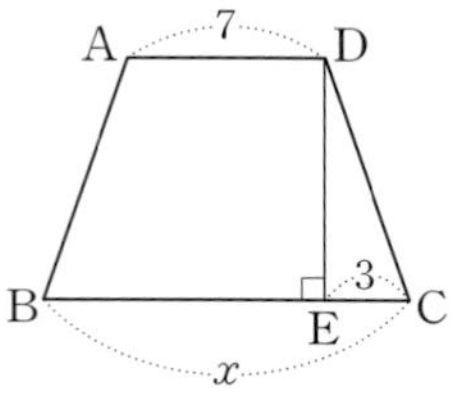

ACT 24 평행선과 넓이

스피드 정답 : 04쪽
친절한 풀이 : 20쪽

평행선과 삼각형의 넓이

$l /\!/ m$일 때, $\triangle ABC = \triangle DBC = \frac{1}{2}ah$

| 참고 | $\triangle ABC$와 $\triangle DBC$는 밑변 BC가 공통이고 높이가 h로 같다.

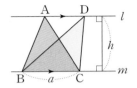

평행선과 삼각형의 넓이의 활용

□ABCD의 꼭짓점 D를 지나고 $\overline{AC}$에 평행한 직선이 $\overline{BC}$의 연장선과 만나는 점을 E라고 하면 $\overline{AC} /\!/ \overline{DE}$이므로

- $\triangle DAC = \triangle EAC$
- □ABCD $= \triangle ABC + \triangle DAC = \triangle ABC + \triangle EAC = \triangle ABE$

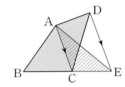

＊ 오른쪽 그림과 같이 $\overline{AD} /\!/ \overline{BC}$인 사다리꼴 ABCD에서 다음 삼각형과 넓이가 같은 삼각형을 찾으시오.

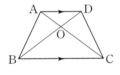

01 $\triangle ABC$

02 $\triangle ABD$

03 $\triangle ABO$

＊ 오른쪽 그림에서 $\overline{AC} /\!/ \overline{DE}$일 때, 다음 도형과 넓이가 같은 삼각형을 찾으시오.

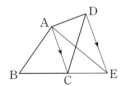

04 $\triangle ACE$

05 □ABCD

＊ 다음 그림과 같이 $\overline{AD} /\!/ \overline{BC}$인 사다리꼴 ABCD에서 색칠한 부분의 넓이를 구하시오.

06 $\triangle ABD = 20\ cm^2$, $\triangle AOD = 5\ cm^2$

07 $\triangle AOD = 7\ cm^2$, $\triangle DOC = 10\ cm^2$

08 $\triangle ABC = 15\ cm^2$, $\triangle DOC = 6\ cm^2$

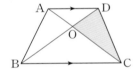

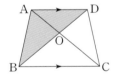

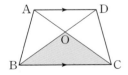

* 다음 그림에서 색칠한 부분의 넓이를 구하시오.

09　$\triangle ABC = 10 \ cm^2$, $\triangle ACE = 18 \ cm^2$

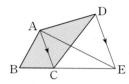

➡ $\square ABCD = \triangle ABC + \triangle ACD$

　　　　$= \triangle ABC + \triangle \boxed{}$

　　　　$= \boxed{} + \boxed{}$

　　　　$= \boxed{} \ (cm^2)$

10　$\square ABCD = 20 \ cm^2$

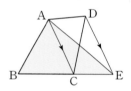

11　$\triangle ABE = 18 \ cm^2$, $\triangle ACD = 8 \ cm^2$

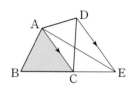

12　$\square ABCD = 35 \ cm^2$, $\triangle ABC = 12 \ cm^2$

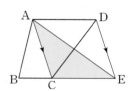

13

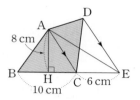

➡ $\square ABCD = \triangle ABC + \triangle ACD$

　　　　$= \triangle ABC + \triangle \boxed{}$

　　　　$= \triangle \boxed{}$

　　　　$= \dfrac{1}{2} \times \overline{BE} \times \overline{AH}$

　　　　$= \dfrac{1}{2} \times (\boxed{} + \boxed{}) \times \boxed{}$

　　　　$= \boxed{} \ (cm^2)$

14

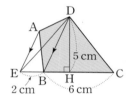

15

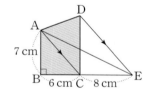

16

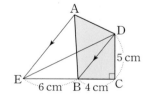

ACT 25

높이가 같은 삼각형의 넓이의 비

스피드 정답 : 05쪽
친절한 풀이 : 20쪽

높이가 같은 두 삼각형의 넓이의 비는 밑변의 길이의 비와 같다.

➡ $\overline{BD}:\overline{DC}=m:n$이면

$\triangle ABD:\triangle ADC=m:n$

참고 | 점 D가 $\overline{BC}$의 중점이면 $\triangle ABD=\triangle ADC$

＊ 다음 그림과 같은 $\triangle ABC$의 넓이가 $30\ cm^2$일 때, 색칠한 부분의 넓이를 구하시오.

01 $\overline{BD}:\overline{DC}=3:2$, $\overline{AE}:\overline{EC}=1:3$

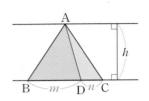

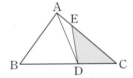

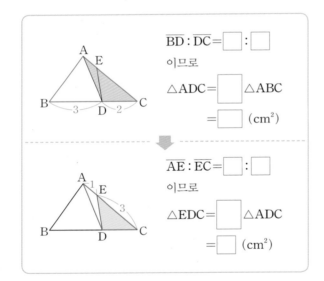

$\overline{BD}:\overline{DC}=$ □ : □

이므로

$\triangle ADC=$ □ $\triangle ABC$

$=$ □ (cm^2)

$\overline{AE}:\overline{EC}=$ □ : □

이므로

$\triangle EDC=$ □ $\triangle ADC$

$=$ □ (cm^2)

02 $\overline{BD}:\overline{DC}=2:1$

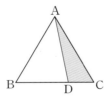

03 $\overline{BD}=\overline{DC}$, $\overline{AE}:\overline{ED}=2:1$

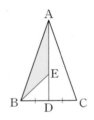

＊ 다음 그림과 같은 평행사변형 ABCD의 넓이가 $60\ cm^2$일 때, 색칠한 부분의 넓이를 구하시오.

04 $\overline{BE}:\overline{EC}=3:2$

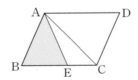

05 $\overline{BE}:\overline{EC}=2:1$

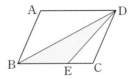

* 다음 그림과 같이 $\overline{AD} /\!/ \overline{BC}$인 등변사다리꼴 ABCD
에서 색칠한 부분의 넓이를 구하시오.

06 $\triangle AOD = 3\ cm^2$, $\overline{BO} : \overline{DO} = 2 : 1$

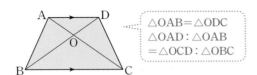

△OAB=△ODC
△OAD : △OAB
=△OCD : △OBC

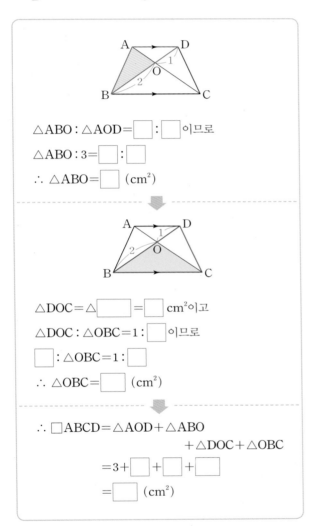

$\triangle ABO : \triangle AOD = \boxed{} : \boxed{}$ 이므로

$\triangle ABO : 3 = \boxed{} : \boxed{}$

$\therefore \triangle ABO = \boxed{}$ (cm²)

$\triangle DOC = \triangle \boxed{} = \boxed{}$ cm²이고

$\triangle DOC : \triangle OBC = 1 : \boxed{}$ 이므로

$\boxed{} : \triangle OBC = 1 : \boxed{}$

$\therefore \triangle OBC = \boxed{}$ (cm²)

$\therefore \square ABCD = \triangle AOD + \triangle ABO$
$\qquad\qquad\quad + \triangle DOC + \triangle OBC$

$\qquad = 3 + \boxed{} + \boxed{} + \boxed{}$

$\qquad = \boxed{}$ (cm²)

07 $\triangle OBC = 30\ cm^2$, $\overline{BO} : \overline{DO} = 3 : 2$

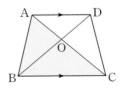

08 $\triangle AOD = 6\ cm^2$, $\overline{AO} : \overline{CO} = 2 : 3$

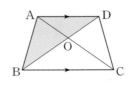

09 $\triangle ABO = 9\ cm^2$, $\overline{BO} : \overline{DO} = 2 : 1$

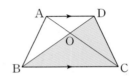

10 $\triangle ABC = 35\ cm^2$, $\overline{AO} : \overline{CO} = 2 : 3$

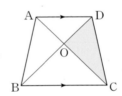

11 $\triangle AOD = 4\ cm^2$, $\overline{DO} : \overline{OB} = 1 : 2$

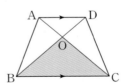

01 다음 그림과 같은 평행사변형 ABCD에서 x, y의 값을 각각 구하시오.

(단, 점 O는 두 대각선의 교점이다.)

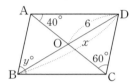

02 평행사변형 ABCD에서 $\angle A = 3\angle B$일 때, $\angle D$의 크기를 구하시오.

03 다음 그림과 같은 평행사변형 ABCD에서 x의 값을 구하시오.

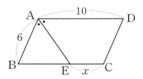

04 다음 그림과 같은 평행사변형 ABCD에서 $\overline{AD}$의 중점을 E라 하고 $\overline{BE}$의 연장선과 CD의 연장선이 만나는 점을 F라고 할 때, $\overline{CF}$의 길이를 구하시오.

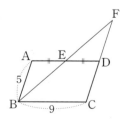

05 다음 그림과 같은 □ABCD가 평행사변형이 되기 위한 x, y의 값을 각각 구하시오.

(단, 점 O는 두 대각선의 교점이다.)

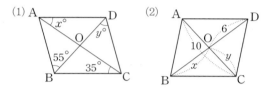

06 다음 조건을 만족시키는 □ABCD 중 평행사변형인 것을 모두 고르면? (정답 2개)

① $\overline{AB}=5$, $\overline{BC}=5$, $\overline{CD}=4$, $\overline{DA}=4$

② $\angle A=100°$, $\angle B=80°$, $\angle C=100°$

③ $\overline{AD} /\!/ \overline{BC}$, $\overline{AB}=6$, $\overline{DC}=6$

④ $\angle A + \angle B=180°$, $\angle A = \angle D$

⑤ $\angle A + \angle B=180°$, $\overline{AD}=\overline{BC}$

07 오른쪽 그림과 같은 평행사변형 ABCD에서 두 대각선의 교점을 O라고 하자. $\overline{AE}=\overline{CG}$, $\overline{BF}=\overline{DH}$일 때, □EFGH는 어떤 사각형인지 말하시오.

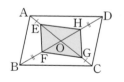

08 다음 그림과 같은 평행사변형 ABCD의 넓이가 40 cm²일 때, $\triangle AOP$와 $\triangle BOQ$의 넓이의 합을 구하시오.

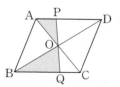

09 오른쪽 그림의 □ABCD는 직사각형이다. 다음 중 옳지 <u>않은</u> 것을 모두 고르면? (단, 점 O는 두 대각선의 교점이다.) (정답 2개)

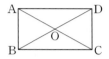

① ∠ABC=90°
② $\overline{AB}=\overline{DC}$, $\overline{AD}=\overline{BC}$
③ ∠BAO=∠DAO
④ $\overline{OA}=\overline{OB}$
⑤ ∠AOB=∠AOD

10 오른쪽 그림에서 □ABCD가 $\overline{AD}$ // $\overline{BC}$ 인 등변사다리꼴일 때, 다음 중 옳지 <u>않은</u> 것은?

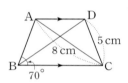

① $\overline{AB}=5$ cm
② $\overline{BD}=8$ cm
③ ∠ADC=70°
④ ∠BCD=70°
⑤ △ABC≡△DCB

11 오른쪽 그림과 같은 평행사변형 ABCD에서 ∠AOD=90° 일 때, $\overline{AB}$의 길이를 구하시오. (단, 점 O는 두 대각선의 교점이다.)

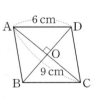

12 다음 조건을 모두 만족시키는 □ABCD는 어떤 사각형인지 말하시오.

$\overline{AB}$ // $\overline{DC}$ $\overline{AD}$ // $\overline{BC}$
$\overline{AB}=\overline{AD}$ ∠A=90°

13 다음 설명 중 옳은 것을 모두 고르면? (정답 2개)

① 직사각형은 정사각형이다.
② 한 내각의 크기가 90°인 평행사변형은 정사각형이다.
③ 두 대각선이 서로 직교하는 평행사변형은 마름모이다.
④ 이웃하는 두 내각의 크기가 같은 마름모는 정사각형이다.
⑤ 두 대각선의 길이가 같은 사각형은 직사각형이다.

14 다음 그림과 같이 $\overline{AD}$ // $\overline{BC}$인 사다리꼴 ABCD에서 △AOD의 넓이가 6 cm², △ACD의 넓이가 14 cm²일 때, △ABO의 넓이를 구하시오.

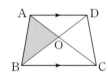

15 다음 그림에서 $\overline{AC}$ // $\overline{DE}$일 때, □ABCD의 넓이를 구하시오.

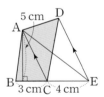

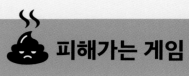 피해가는 게임

＊ 게임 방법

① 💩이 **있는** 칸은 지나갈 수 **없습니다.**
② 💩이 **없는** 칸은 반드시 **지나가야** 합니다.
③ 한번 통과한 칸은 다시 지나갈 수 없습니다.
④ 가로와 세로 방향으로만 갈 수 있으며,
대각선으로는 갈 수 없습니다.

Chapter Ⅲ
도형의 닮음

도형의 닮음

Ⓥ 닮음

도형을 오른쪽 그림처럼
일정한 비율로 확대하거나
축소했을 때 다른 도형과
합동이면 두 도형은 서로
닮음인 관계에 있는 거야.
∽로 나타내자!

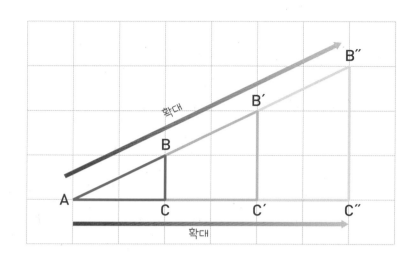

닮은 도형 ▶ $\triangle ABC \backsim \triangle AB'C' \backsim \triangle AB''C''$

닮음비와 닮음의 성질 ▶
대응하는 변의 길이의 비는 일정하고,
대응하는 각의 크기는 같다. 이때 대응하는
변의 길이의 비를 닮음비라고 한다.

$$\left.\begin{matrix} 1 \\ 2 \end{matrix}\right\rangle \times 2 \quad : \quad \left.\begin{matrix} 2 \\ 4 \end{matrix}\right\rangle \times 2 \quad : \quad \left.\begin{matrix} 3 \\ 6 \end{matrix}\right\rangle \times 2$$

Ⓥ 삼각형의 닮음 조건   "삼각형의 합동 조건과 닮았다!"

▶ **SSS 닮음**
세 쌍의 대응변의 길이의
비가 같다.

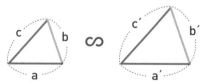

▶ **SAS 닮음**
두 쌍의 대응변의 길이의
비와 그 끼인각의 크기가
같다.

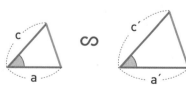

▶ **AA 닮음**
두 쌍의 대응각의 크기가
같다.

삼각형의 합동 조건과 비슷하지?
SSS 합동은 SSS 닮음과, SAS 합동은
SAS 닮음과 비슷한 조건이야. 그렇지만
ASA 합동은 AA 닮음으로 바뀌었어!
삼각형의 내각의 크기의 합이 180°니까
두 각의 크기가 각각 같으면
남은 한 각의 크기도 당연히 같아.
변의 길이는 굳이 확인하지 않아도 되지!

Ⓥ 직각삼각형의 닮음

직각삼각형의 직각인 꼭짓점에서 대변에 수선을
내리면 3개의 크고 작은 직각삼각형을 만들 수 있어.
이 직각삼각형들은 대응각의 크기가 각각 같으니까
AA 닮음으로 모두 닮은 도형이 돼!

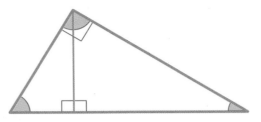

닮은
도형 ➡  ∽ 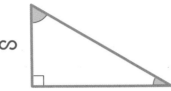 ∽

공식 1

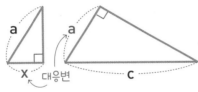 ➡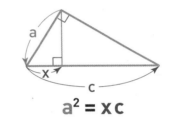

$$x : a = a : c$$

$$a^2 = xc$$

공식 2

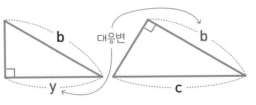 ➡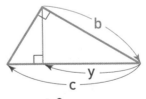

$$y : b = b : c$$

$$b^2 = yc$$

공식 3

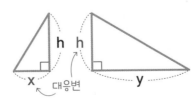 ➡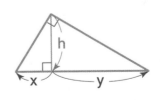

$$x : h = h : y$$

$$h^2 = xy$$

닮음 : 한 도형을 일정한 비율로 확대 또는 축소한 도형이 다른 도형과 합동이 될 때, 이 두 도형은 서로 닮음인 관계에 있다고 한다.

닮은 도형 : 닮음인 관계에 있는 두 도형

|참고| 항상 닮음인 도형
 • 평면도형 : 모든 정다각형, 모든 원, 모든 직각이등변삼각형
 • 입체도형 : 모든 정다면체, 모든 구

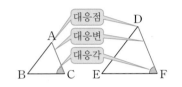

닮음의 기호 : 두 도형이 닮음일 때, **기호** ∽를 사용하여 나타낸다.
➡ △ABC와 △DEF가 닮은 도형이면 △ABC∽△DEF

|주의| 닮은 도형을 기호로 나타낼 때, 꼭짓점은 대응하는 순서대로 쓴다.

＊ 아래 그림에서 □ABCD∽□EFGH일 때, 다음을 구하시오.

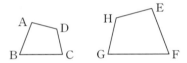

01 $\overline{AB}$의 대응변

02 ∠G의 대응각

＊ 아래 그림에서 두 삼각뿔은 서로 닮은 도형이고, $\overline{AB}$와 $\overline{EF}$가 대응하는 모서리일 때, 다음을 구하시오.

 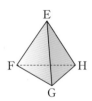

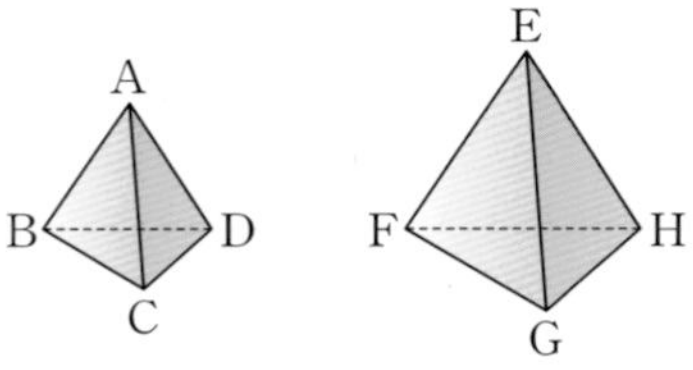

03 모서리 BD에 대응하는 모서리

04 면 ABD에 대응하는 면

＊ 다음 중 닮음에 대한 설명으로 옳은 것에는 ○표, 옳지 않은 것에는 ×표를 하시오.

05 닮음인 두 도형의 대응각의 크기는 같다.

( )

06 넓이가 같은 두 삼각형은 닮음이다.

( )

07 합동인 두 도형은 닮음이다.

( )

08 두 직각삼각형은 항상 닮음인 도형이다.

( )

09 두 정사면체는 항상 닮음인 도형이다.

( )

닮음의 성질

평면도형에서의 닮음의 성질
서로 닮은 두 평면도형에서

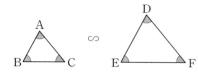

· 대응변의 길이의 비는 일정하다.
➡ $\overline{AB}:\overline{DE}=\overline{BC}:\overline{EF}=\overline{AC}:\overline{DF}$
· 대응각의 크기는 각각 같다.
➡ $\angle A=\angle D$, $\angle B=\angle E$, $\angle C=\angle F$

평면도형의 닮음비 : 대응변의 길이의 비

입체도형에서의 닮음의 성질
서로 닮은 두 입체도형에서

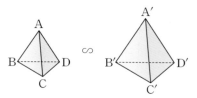

· 대응하는 면은 닮은 도형이다.
➡ $\triangle ABC\backsim\triangle A'B'C'$, $\triangle BCD\backsim\triangle B'C'D'$, ……
· 대응하는 모서리의 길이의 비는 일정하다.
➡ $\overline{AB}:\overline{A'B'}=\overline{BC}:\overline{B'C'}=\overline{CD}:\overline{C'D'}=$ ……

입체도형의 닮음비 : 대응하는 모서리의 길이의 비

＊ 아래 그림에서 $\triangle ABC\backsim\triangle DEF$일 때, 다음을 구하시오.

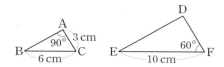

10 $\triangle ABC$와 $\triangle DEF$의 닮음비 ⋯⋯ 닮음비는 닮은 두 도형에서 대응변의 길이의 비야.

➡ $\overline{BC}:\overline{EF}=6:\boxed{}=3:\boxed{}$

11 $\overline{DF}$의 길이

➡ $\overline{AC}:\overline{DF}=3:\boxed{}$ 이므로

$\boxed{}:\overline{DF}=3:\boxed{}$ ∴ $\overline{DF}=\boxed{}$ (cm)

12 $\angle C$의 크기 ⋯⋯ 두 닮은 도형에서 대응각의 크기는 각각 같아.

➡ $\angle C=\angle\boxed{}=\boxed{}$

13 $\angle B$의 크기

➡ $\angle B=180°-(90°+\boxed{})=\boxed{}$

＊ 아래 그림에서 두 직육면체는 서로 닮은 도형이고 $\overline{AB}$와 $\overline{A'B'}$이 대응하는 모서리일 때, 다음을 구하시오.

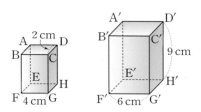

14 두 직육면체의 닮음비

15 $\overline{DH}$의 길이

16 $\overline{G'H'}$의 길이

17 면 AEFB에 대응하는 면

닮은 평면도형에서의 비

스피드 정답 : 05쪽
친절한 풀이 : 22쪽

닮은 두 평면도형의 닮음비가 $m:n$일 때
• 둘레의 길이의 비 ➡ $m:n$
• 넓이의 비 ➡ $m^2:n^2$

예

• 닮음비 ➡ $1:2$
• 둘레의 길이의 비 ➡ $1:2$
• 넓이의 비 ➡ $1^2:2^2$

---

* 아래 그림에서 △ABC∽△DEF일 때, 다음을 구하시오.

 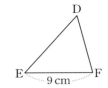

01 닮음비

02 둘레의 길이의 비

* 아래 그림에서 □ABCD∽□EFGH일 때, 다음을 구하시오.

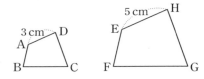

03 닮음비

04 넓이의 비

* 아래 그림과 같은 두 원 O, O′의 지름의 길이의 비가 $2:5$일 때, 다음을 구하시오.

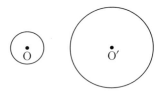

05 둘레의 길이의 비

06 넓이의 비

* 아래 그림과 같이 반지름의 길이가 각각 4 cm, 6 cm인 두 부채꼴이 서로 닮음일 때, 다음을 구하시오.

07 둘레의 길이의 비

08 넓이의 비

＊ 아래 그림에서 △ABC∽△DEF일 때, 다음을 구하시오.

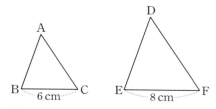

09 닮음비

10 넓이의 비

11 △ABC의 넓이가 27 cm²일 때, △DEF의 넓이

   ➡ △DEF의 넓이를 x cm²라고 하면

     △ABC : △DEF＝27 : x이므로

     27 : x＝☐ : ☐   ∴ x＝☐

     따라서 △DEF의 넓이는 ☐ cm²이다.

＊ 아래 그림에서 ☐ABCD∽☐EFGH일 때, 다음을 구하시오.

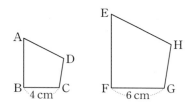

12 닮음비

13 둘레의 길이의 비

14 ☐EFGH의 둘레의 길이가 24 cm일 때,
    ☐ABCD의 둘레의 길이

＊ 아래 그림과 같은 두 원 O, O′의 닮음비가 1 : 2일 때, 다음을 구하시오.

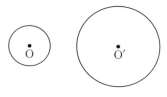

15 둘레의 길이의 비

16 원 O′의 둘레의 길이가 18π cm일 때, 원 O의 둘레의 길이

＊ 아래 그림과 같이 반지름의 길이가 각각 6 cm, 10 cm인 두 부채꼴이 서로 닮음일 때, 다음을 구하시오.

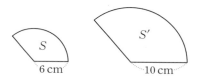

17 닮음비

18 넓이의 비

19 부채꼴 S의 넓이가 27π cm²일 때, S'의 넓이

닮은 입체도형에서의 비

스피드 정답 : 05쪽
친절한 풀이 : 23쪽

닮은 두 입체도형의 닮음비가 $m : n$일 때
• 대응하는 모서리의 길이의 비 ➡ $m : n$
• 겉넓이의 비 ➡ $m^2 : n^2$
• 부피의 비 ➡ $m^3 : n^3$

예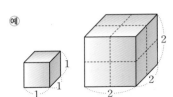

• 닮음비 ➡ $1 : 2$
• 겉넓이의 비 ➡ $1^2 : 2^2$
• 부피의 비 ➡ $1^3 : 2^3$

✻ 아래 그림의 두 정사면체 A, B가 서로 닮은 도형일 때, 다음을 구하시오.

01 닮음비

02 겉넓이의 비

✻ 아래 그림의 두 직육면체 A, B가 서로 닮은 도형일 때, 다음을 구하시오.

 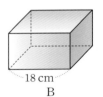

03 닮음비

04 부피의 비

✻ 아래 그림에서 두 구 A, B의 지름의 길이의 비가 $3 : 5$일 때, 다음을 구하시오.

05 겉넓이의 비

06 부피의 비

✻ 아래 그림의 두 원기둥 A, B가 서로 닮은 도형일 때, 다음을 구하시오.

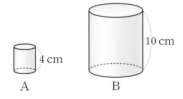

07 겉넓이의 비

08 부피의 비

* 아래 그림의 두 삼각기둥 A, B가 서로 닮은 도형일 때, 다음을 구하시오.

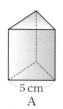

5 cm
A

3 cm
B

09 닮음비

10 겉넓이의 비

11 삼각기둥 A의 겉넓이가 100 cm²일 때, 삼각기둥 B의 겉넓이

* 아래 그림의 두 원기둥 A, B가 서로 닮은 도형일 때, 다음을 구하시오.

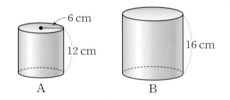

6 cm
12 cm
A

16 cm
B

12 두 원기둥 A, B의 닮음비

13 밑면의 둘레의 길이의 비

14 부피의 비

15 원기둥 B의 부피가 192π cm³일 때, 원기둥 A의 부피

* 아래 그림과 같은 두 구 O, O′의 닮음비가 2 : 1일 때, 다음을 구하시오.

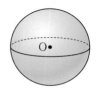

16 겉넓이의 비

17 구 O′의 겉넓이가 4π cm²일 때, 구 O의 겉넓이

* 아래 그림과 같이 원뿔 모양의 그릇에 물이 들어 있을 때, 다음을 구하시오.

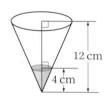

12 cm
4 cm

18 전체 그릇의 부피와 물의 부피의 비

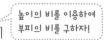

높이의 비를 이용하여
부피의 비를 구하자!

19 전체 그릇의 부피가 108π cm³일 때, 물의 부피

두 삼각형은 다음의 각 경우에 닮은 도형이다.

| • 세 쌍의 대응변의 길이의 비가 같다. (SSS 닮음) | • 두 쌍의 대응변의 길이의 비가 같고, 그 끼인각의 크기가 같다. (SAS 닮음) | • 두 쌍의 대응각의 크기가 각각 같다. (AA 닮음) |

➡ $a : a' = b : b' = c : c'$

➡ $a : a' = c : c'$, $\angle B = \angle B'$

➡ $\angle B = \angle B'$, $\angle C = \angle C'$

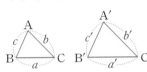
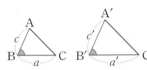

✽ 다음 두 삼각형에 대하여 ☐ 안에 알맞은 것을 쓰시오.

01

➡ $\overline{AB} : \overline{DF} = 8 : 12 = 2 : 3$

$\overline{BC} : \overline{FE} = 4 : \boxed{} = \boxed{} : \boxed{}$

$\overline{AC} : \overline{DE} = \boxed{} : 9 = \boxed{} : \boxed{}$

$\therefore \triangle ABC \backsim \boxed{}$ ($\boxed{}$ 닮음)

> 두 도형이 닮음임을 나타낼 때에는 반드시 대응점의 순서대로 써야해!

02

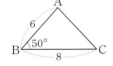

➡ $\overline{AB} : \overline{EF} = 6 : 3 = 2 : 1$

$\overline{BC} : \overline{FD} = \boxed{} : 4 = \boxed{} : \boxed{}$

$\angle B = \boxed{} = 50°$

$\therefore \triangle ABC \backsim \boxed{}$ ($\boxed{}$ 닮음)

> △DEF에서 ∠F의 크기를 구한 다음 △ABC와 △DEF에서 두 내각의 크기가 같은지 확인해봐!

03

➡ △DEF에서

$\angle F = 180° - (\boxed{} + \boxed{}) = \boxed{}$

$\angle B = \boxed{} = 40°$

$\angle C = \boxed{} = 80°$

$\therefore \triangle ABC \backsim \boxed{}$ ($\boxed{}$ 닮음)

＊ 다음 삼각형과 닮음인 것을 보기 에서 찾아 기호 ∽를 사용하여 나타내고, 각각의 닮음 조건을 말하시오.

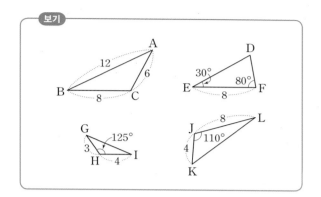

04

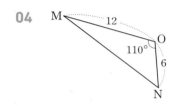

05

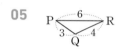

06

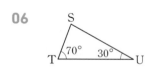

07

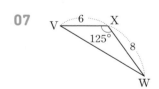

＊ 다음 중 △ABC∽△DEF가 되도록 하는 조건인 것에는 ○표, 아닌 것에는 ×표를 하시오.

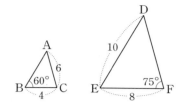

08 $\overline{AB}=5$, $\overline{DF}=12$ (   )

09 $\overline{AB}=5$, ∠D$=45°$ (   )

10 ∠A$=30°$, ∠E$=60°$ (   )

＊ 다음 그림에서 △ABC와 닮음인 삼각형을 찾아 기호 ∽를 사용하여 나타내고, 닮음 조건을 말하시오.

11

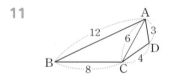

12

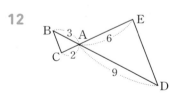

13

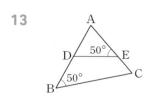

| 유형 1 | **SAS 닮음 조건의 활용** |

* 다음 그림에서 x의 값을 구하시오.

01

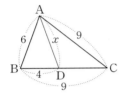

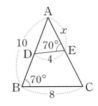

$\overline{AB} : \overline{DB} = \overline{BC} : \overline{BA} = \boxed{} : \boxed{}$

$\angle \boxed{}$ 는 공통

$\therefore \triangle ABC \backsim \boxed{}$ ($\boxed{}$ 닮음)

닮음비는 $\boxed{} : \boxed{}$ 이므로

$\overline{AC} : \overline{DA} = 3 : 2$ 에서

$9 : x = \boxed{} : \boxed{}$ $\therefore x = \boxed{}$

02

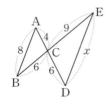

03

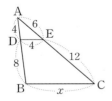

| 유형 2 | **AA 닮음 조건의 활용** |

* 다음 그림에서 x의 값을 구하시오.

04

$\angle \boxed{}$ 는 공통

$\angle ABC = \angle \boxed{} = 70°$

$\therefore \triangle ABC \backsim \boxed{}$ ($\boxed{}$ 닮음)

닮음비는 $\overline{BC} : \overline{ED} = \boxed{} : \boxed{}$ 이므로

$\overline{AB} : \overline{AE} = 2 : 1$ 에서

$10 : x = \boxed{} : \boxed{}$ $\therefore x = \boxed{}$

05

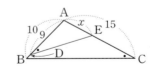

06

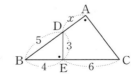

* 아래 그림의 △ABC에서 $\overline{DE} /\!/ \overline{BC}$일 때, 다음을 구하시오.

07　△ABC=50 cm²일 때, ▱DBCE의 넓이

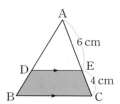

△ABC와 [　　　]에서

∠[　] 는 공통

∠[　] =∠ADE (동위각)

∴ △ABC∽[　　　] ([　] 닮음)

닮음비는 $\overline{AC} : \overline{AE}$=[　] : 6=[　] : [　]

따라서 넓이의 비는 [　]² : [　]²=[　] : [　]

[　] : [　]=50 : △ADE

∴ △ADE=[　] (cm²)

∴ ▱DBCE=△ABC−△ADE

　　　　=50−[　]=[　] (cm²)

08　△ABC=75 cm²일 때, △ADE의 넓이

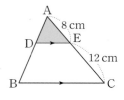

* 아래 그림의 △ABC에서 $\overline{AC} /\!/ \overline{DE}$일 때, 다음을 구하시오.

09　△DBE=16 cm²일 때, △ABC의 넓이

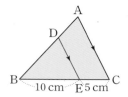

10　△ABC=80 cm²일 때, ▱ADEC의 넓이

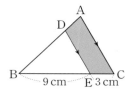

* 아래 그림과 같이 $\overline{AD} /\!/ \overline{BC}$인 사다리꼴 ABCD에서 다음을 구하시오.

11　△AOD=5 cm²일 때, △OBC의 넓이

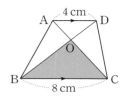

12　△OBC=45 cm²일 때, △AOD의 넓이

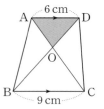

직각삼각형의 닮음

∠A＝90°인 직각삼각형 ABC의 꼭짓점 A에서 빗변 BC에 내린 수선의 발을 H라고 하면

➡ △ABC∽△HBA∽△HAC (AA 닮음)

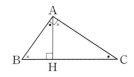

----

* 오른쪽 그림과 같이 ∠A＝90°인 직각삼각형 ABC에서 $\overline{AH} \perp \overline{BC}$일 때, 서로 닮음인 삼각형을 찾으려고 한다. 다음 □ 안에 알맞은 것을 쓰시오.

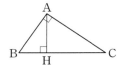

01

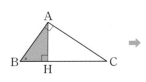

△ABC와 △HBA에서

□는 공통

∠BAC＝□＝90°

∴ △ABC∽□ (□ 닮음)

02

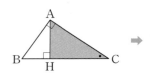

△ABC와 △HAC에서

□는 공통

□＝∠AHC＝90°

∴ △ABC∽□ (□ 닮음)

03

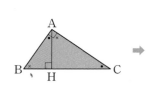 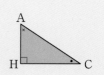

△HBA와 △HAC에서

∠BHA＝∠AHC＝□

△ABC에서

∠HAB＋∠HAC＝90°이고

△HAC에서

∠HAC＋□＝90°이므로

∠HAB＝□

∴ △HBA∽□ (□ 닮음)

직각삼각형의 닮음 활용

∠A＝90°인 직각삼각형 ABC의 꼭짓점 A에서 빗변 BC에 내린 수선의 발을 H라고 할 때

❶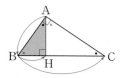

△ABC∽△HBA (AA 닮음)

$\overline{AB} : \overline{HB} = \overline{BC} : \overline{BA}$

➡ $\overline{AB}^2 = \overline{BH} \times \overline{BC}$

❷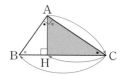

△ABC∽△HAC (AA 닮음)

$\overline{AC} : \overline{HC} = \overline{BC} : \overline{AC}$

➡ $\overline{AC}^2 = \overline{CH} \times \overline{CB}$

❸

△HBA∽△HAC (AA 닮음)

$\overline{HA} : \overline{HC} = \overline{HB} : \overline{HA}$

➡ $\overline{AH}^2 = \overline{HB} \times \overline{HC}$

❹ 직각삼각형 ABC의 넓이에서 ➡ $\overline{AB} \times \overline{AC} = \overline{AH} \times \overline{BC}$

* **다음 그림에서 x의 값을 구하시오.**

04

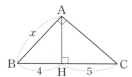

05

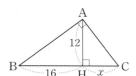

06

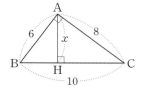

07

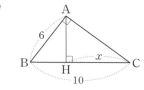

08

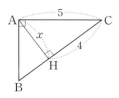

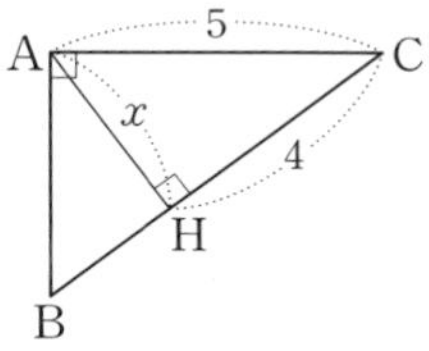

09

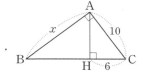

실생활에서 닮음의 활용

직접 측정하기 어려운 실제 높이나 거리 등은 도형의 닮음을 이용한 축도를 그려서 구할 수 있다.

축도 : 도형을 일정한 비율로 줄여 그린 그림

축척 : 축도에서 실제 길이를 줄인 비율

• (축척)$=\dfrac{(축도에서의 길이)}{(실제 길이)}$

• (실제 길이)$=\dfrac{(축도에서의 길이)}{(축척)}$

• (축도에서의 길이)$=$(실제 길이)$\times$(축척)

┃참고┃ 길이 단위의 관계

➡ 1 m=100 cm, 1 km=1000 m

---

* **어떤 지도에서 1 cm 떨어진 두 지점 사이의 실제 거리가 10 m일 때, 다음을 구하시오.**

01 이 지도의 축척

➡ $\dfrac{\boxed{}\,cm}{\boxed{}\,m}=\dfrac{\boxed{}\,cm}{\boxed{}\,cm}=\dfrac{1}{\boxed{}}$

> 단위를 통일하자!
> 1 m=100 cm

02 두 지점 사이의 실제 거리가 500 m일 때, 같은 지도에서의 두 지점 사이의 거리

➡ $\boxed{}\,m\times\dfrac{1}{\boxed{}}=\boxed{}\,cm\times\dfrac{1}{\boxed{}}$

$=\boxed{}\,cm$

03 같은 지도에서의 거리가 4 cm인 두 지점 사이의 실제 거리

➡ $\boxed{}\,cm\div\dfrac{1}{\boxed{}}=\boxed{}\,cm\times\boxed{}$

$=\boxed{}\,cm$

$=\boxed{}\,m$

---

* **아래 그림은 축척이 $\dfrac{1}{50000}$인 축도일 때, 다음을 구하시오.**

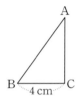

04 두 지점 B, C 사이의 실제 거리

05 A 지점에서 B 지점까지의 실제 거리가 4 km일 때, 축도에서의 길이

06 다음 그림과 같이 실제 40 m인 건물의 높이를 축도에서 2 cm로 그렸다. 축도에서 $\overline{BC}$에 대응되는 선분의 길이가 3.6 cm일 때, $\overline{BC}$의 실제 거리는 몇 m인지 구하시오.

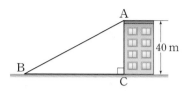

07 다음 그림과 같이 나무의 높이를 알아보기 위해 실제 10 m인 거리를 5 cm가 되도록 축도를 그렸다. 이때 실제 나무의 높이는 몇 m인지 구하시오.

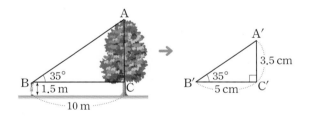

08 다음 그림은 강의 폭 $\overline{AB}$의 길이를 알아보기 위해 필요한 거리를 측정한 것이다. 이때 강의 폭을 구하시오.

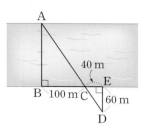

09 다음 그림과 같이 키가 1.6 m인 민희의 그림자와 탑의 그림자의 끝이 일치할 때, 탑의 높이는 몇 m인지 구하시오.

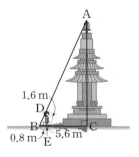

ACT+ 33

도형의 닮음 활용

스피드 정답 : 06쪽
친절한 풀이 : 25쪽

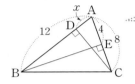

유형 1 직각삼각형의 닮음 활용

* 다음 그림에서 x의 값을 구하시오.

01

두 직각삼각형에서 직각이 아닌 다른 한 각의 크기가 같으면 닮음이다.

$\triangle$ABE와 $\triangle$ACD에서 $\angle$A는 공통이므로

$\triangle ABE \backsim \triangle ACD$ (☐ 닮음)

$\overline{AB}$: ☐ = ☐ : $\overline{AD}$이므로

12 : ☐ = ☐ : x $\quad \therefore x=$ ☐

02

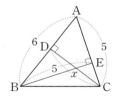

03

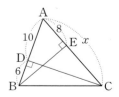

04

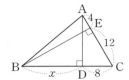

05

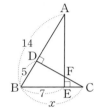

06

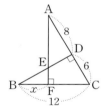

07

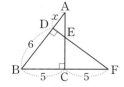

* 다음 그림과 같이 직사각형 ABCD를 접었을 때, x의 값을 구하시오.

08

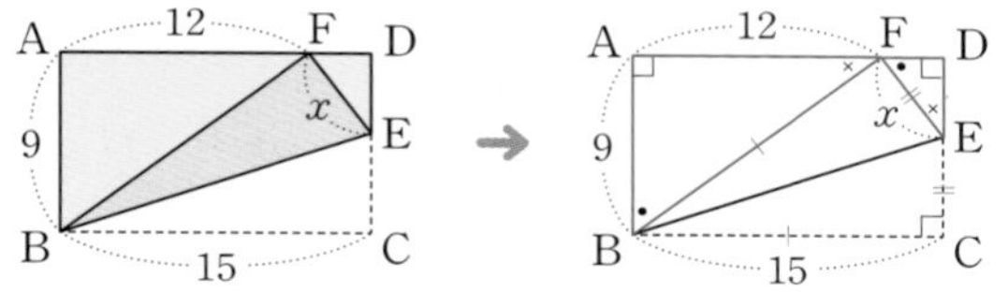

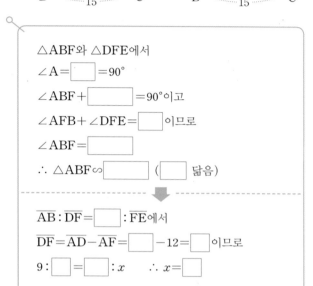

△ABF와 △DFE에서

∠A=☐=90°

∠ABF+☐=90°이고

∠AFB+∠DFE=☐이므로

∠ABF=☐

∴ △ABF∽☐ (☐ 닮음)

⬇

$\overline{AB}:\overline{DF}=$☐$:\overline{FE}$에서

$\overline{DF}=\overline{AD}-\overline{AF}=$☐$-12=$☐이므로

9 : ☐ = ☐ : x ∴ $x=$☐

09

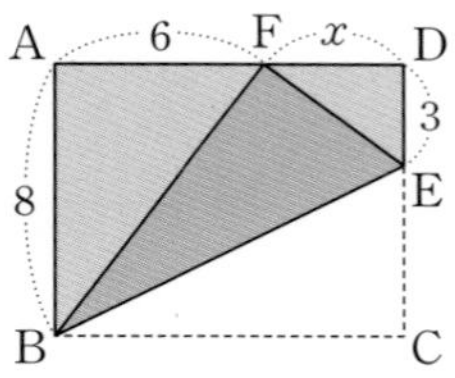

A ─6─ F x D
8   3
B   E
C

10

A 3 F D
4
E   9
B   C

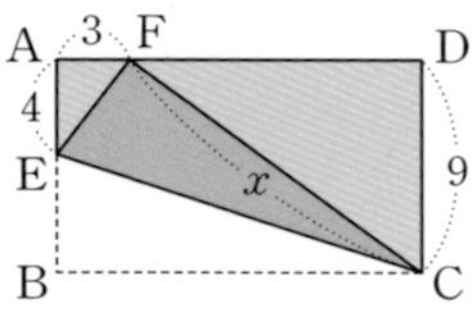

* 다음 그림과 같이 정삼각형 ABC를 접었을 때, x의 값을 구하시오.

> △ABC는 정삼각형이므로
> $\overline{AB}=\overline{BC}=\overline{CA}=12$

11

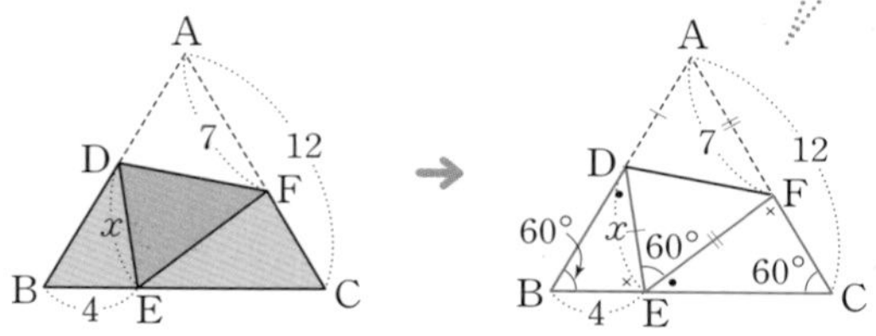

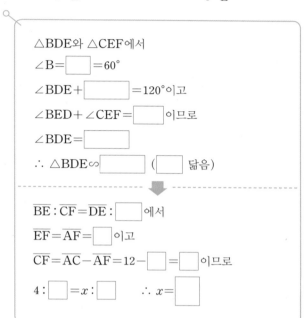

△BDE와 △CEF에서

∠B=☐=60°

∠BDE+☐=120°이고

∠BED+∠CEF=☐이므로

∠BDE=☐

∴ △BDE∽☐ (☐ 닮음)

⬇

$\overline{BE}:\overline{CF}=\overline{DE}:$☐에서

$\overline{EF}=\overline{AF}=$☐이고

$\overline{CF}=\overline{AC}-\overline{AF}=12-$☐$=$☐이므로

4 : ☐ = x : ☐   ∴ $x=$☐

12

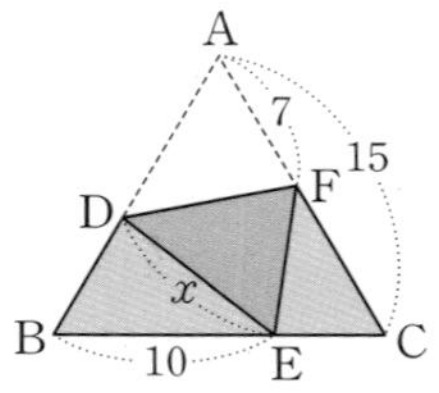

A
7
D   F 15
B
10   E   C

13

A ─6
16   F
D   24
x
B   E   C

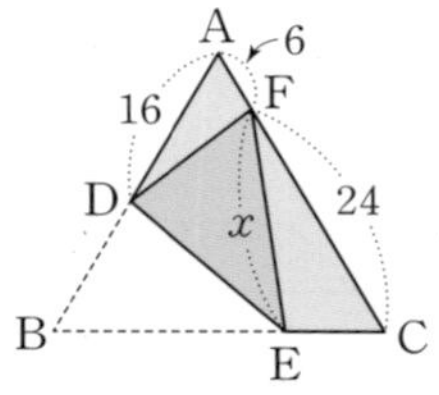

01 다음 중 항상 닮은 도형이 <u>아닌</u> 것을 모두 고르면?
(정답 2개)

① 두 정삼각형 ② 두 직사각형
③ 두 원뿔 ④ 두 구
⑤ 두 직각이등변삼각형

02 아래 그림에서 △ABC∽△DEF일 때, 다음 중 옳지 <u>않은</u> 것은?

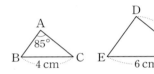

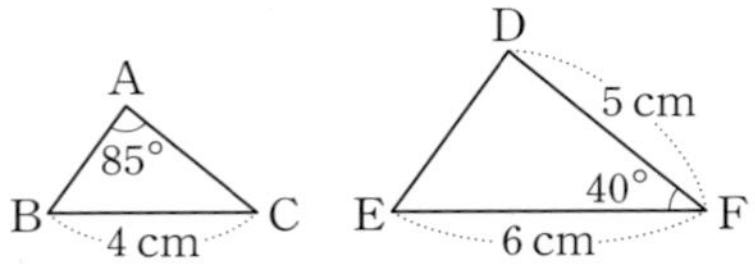

① $\overline{AB} : \overline{DE} = 2 : 3$ ② $\angle C = 40°$
③ $\angle E = 55°$ ④ $\overline{AC} = 3 \text{ cm}$
⑤ 닮음비는 $2 : 3$이다.

03 다음 그림에서 □ABCD∽□EFGH일 때, $x+y$의 값을 구하시오.

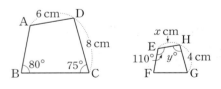

04 다음 그림에서 두 직육면체는 서로 닮은 도형이고 $\overline{AD}$와 $\overline{A'D'}$이 대응하는 모서리일 때, $x+y$의 값을 구하시오.

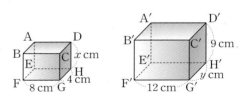

05 다음 그림에서 △ABC∽△DEF일 때, △DEF의 둘레의 길이를 구하시오.

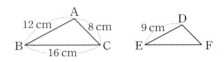

06 다음 그림의 두 원기둥 A, B가 서로 닮은 도형일 때, 원기둥 B의 부피를 구하시오.

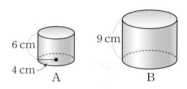

07 다음 중 오른쪽 그림의 삼각형 ABC와 닮음인 것은?

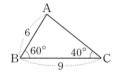

① 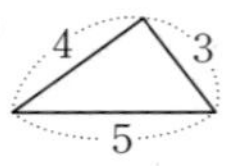   ②

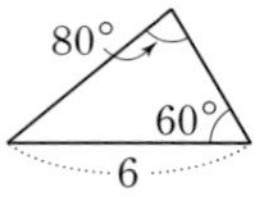

③ 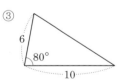 ④

⑤

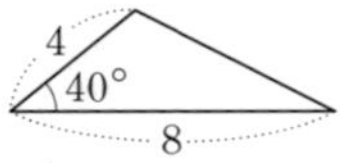

＊ **다음 그림에서 x의 값을 구하시오.(08~10)**

08

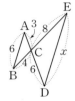

09

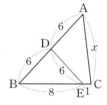

10

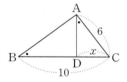

11 오른쪽 그림에서
$\overline{AD}/\!/\overline{BC}$, $\overline{AB}/\!/\overline{DE}$일 때,
$\overline{BC}$의 길이를 구하시오.

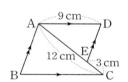

12 오른쪽 그림과 같이
$\angle B=90°$인 직각삼각형
ABC에서 $\overline{AC}\perp\overline{DE}$일
때, $\overline{EC}$의 길이를 구하
시오.

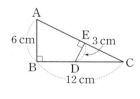

13 오른쪽 그림과 같이
$\angle A=90°$인 직각삼각형
ABC에서 $\overline{AH}\perp\overline{BC}$일 때,
다음 중 옳지 <u>않은</u> 것은?

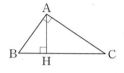

① $\triangle ABC \backsim \triangle HBA$
② $\overline{AB}^2=\overline{BC}\times\overline{BH}$
③ $\overline{AC}^2=\overline{CB}\times\overline{CH}$
④ $\overline{AH}^2=\overline{BC}\times\overline{BH}$
⑤ $\overline{AB}\times\overline{AC}=\overline{AH}\times\overline{BC}$

14 오른쪽 그림과 같이
$\angle A=90°$인 직각삼각형
ABC에서 $\overline{AH}\perp\overline{BC}$일 때,
$y-x$의 값을 구하시오.

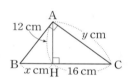

15 오른쪽 그림과 같은
직사각형 ABCD에
서 $\overline{BE}$를 접는 선으
로 하여 꼭짓점 C가
$\overline{AD}$ 위의 점 F에 오
도록 접었을 때, $\overline{BF}$의 길이를 구하시오.

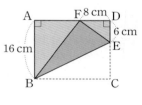

평행선 사이의 선분의 길이의 비

✅ 삼각형에서 평행선과 선분의 길이의 비

무조건 외울 필요는 없어.
닮은 삼각형을 찾아서 대응시킨 후
선분의 길이의 비를 생각하자.

$c /\!/ c'$일 때, $a : a' = b : b' = c : c'$

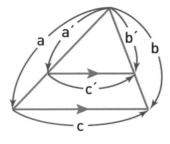

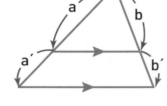

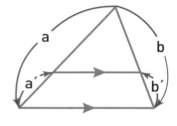

 빨간 삼각형과 초록 삼각형은 서로 닮음이므로 닮음비가 성립한다.

 두 변에 평행한 보조선을 각각 그으면 빨간 삼각형과 닮음인 초록 삼각형이 만들어진다.

 두 변에 평행한 보조선을 각각 그으면 빨간 삼각형과 닮음인 초록 삼각형이 만들어진다.

✅ 삼각형의 각의 이등분선

각의 이등분선도 마찬가지!
내각이든 외각이든 닮음인
삼각형을 찾아서 비를 생각하자.

△ABC에서 $\angle A$의 내각과 외각의 이등분선을 그었을 때, $a : a' = b : b'$

내각

외각

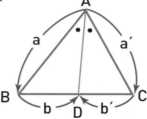

Ⓥ 삼각형의 두 변의 중점을 연결한 선분의 성질

성질 ❶ 두 변의 중점을 연결한 선분은 나머지 한 변과 평행하고, 나머지 한 변의 길이의 $\frac{1}{2}$이다.

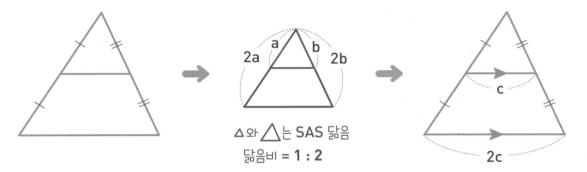

성질 ❷ 한 변의 중점을 지나면서 다른 한 변에 평행한 직선은 나머지 한 변의 중점을 지난다.

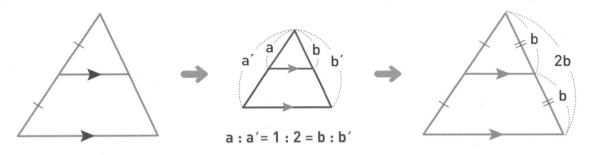

$$a : a´ = 1 : 2 = b : b´$$

◆ **사다리꼴의 두 변의 중점을 연결한 선분의 성질**

사다리꼴은 윗변과 아랫변이 서로 평행합니다. 사다리꼴에 대각선을 긋고, 평행하지 않은 나머지 두 변의 중점을 연결해 보세요. 삼각형의 중점을 연결한 선분의 성질을 이용한 공식을 사다리꼴에서도 얻을 수 있어요.

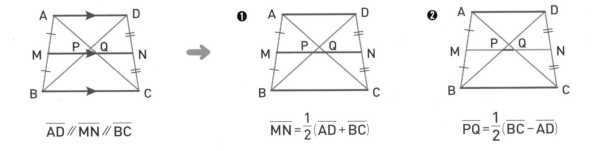

$$\overline{AD} /\!/ \overline{MN} /\!/ \overline{BC}$$

❶ $$\overline{MN} = \frac{1}{2}(\overline{AD} + \overline{BC})$$

❷ $$\overline{PQ} = \frac{1}{2}(\overline{BC} - \overline{AD})$$

ACT 34 삼각형에서 평행선과 선분의 길이의 비

스피드 정답 : 06쪽
친절한 풀이 : 26쪽

$\triangle ABC$에서 $\overline{AB}$, $\overline{AC}$ 또는 그 연장선 위에 각각 점 D, E가 있을 때

❶

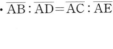

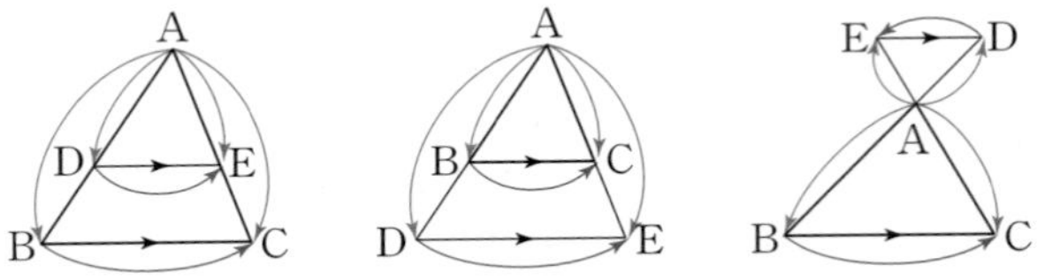

- $\overline{BC} /\!/ \overline{DE}$이면 $\overline{AB} : \overline{AD} = \overline{AC} : \overline{AE} = \overline{BC} : \overline{DE}$
- $\overline{AB} : \overline{AD} = \overline{AC} : \overline{AE}$이면 $\overline{BC} /\!/ \overline{DE}$

❷

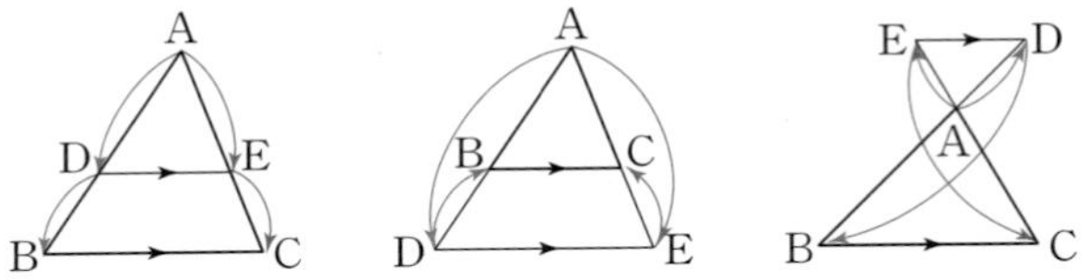

- $\overline{BC} /\!/ \overline{DE}$이면 $\overline{AD} : \overline{DB} = \overline{AE} : \overline{EC}$
- $\overline{AD} : \overline{DB} = \overline{AE} : \overline{EC}$이면 $\overline{BC} /\!/ \overline{DE}$

01 다음은 오른쪽 그림과 같은 $\triangle ABC$에서 $\overline{BC}$에 평행한 직선과 $\overline{AB}$, $\overline{AC}$의 교점을 각각 D, E라고 할 때, $\overline{AD} : \overline{DB} = \overline{AE} : \overline{EC}$임을 보이는 과정이다. ☐ 안에 알맞은 것을 쓰시오.

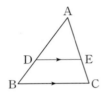

> 오른쪽 그림과 같이 점 E를 지나면서 $\overline{AB}$에 평행한 직선과 $\overline{BC}$의 교점을 F라고 하면
>
>
>
> $\triangle ADE$와 $\triangle EFC$에서
> $\angle A = \angle FEC$ (동위각)
> ☐ $= \angle C$ (동위각),
> 이므로 $\triangle ADE \backsim \triangle EFC$ (☐ 닮음)
> $\therefore \overline{AD} :$ ☐ $= \overline{AE} : \overline{EC}$ …… ㉠
> 한편 □DBFE는 평행사변형이므로
> ☐ $= \overline{DB}$ …… ㉡
> ㉠, ㉡에서 $\overline{AD} : \overline{DB} = \overline{AE} : \overline{EC}$

* **다음 그림에서 $\overline{BC} /\!/ \overline{DE}$일 때, x의 값을 구하시오.**

02

⇒ $9 : x =$ ☐ : ☐ $\quad \therefore x =$ ☐

03

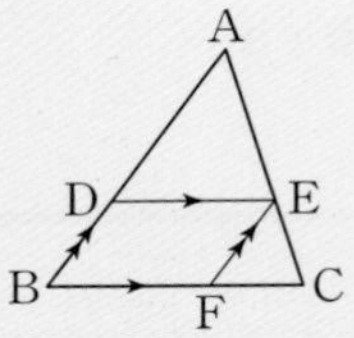

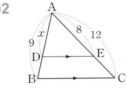

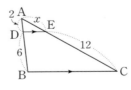

04

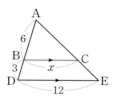

05

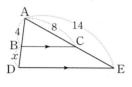

06

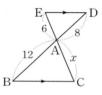

07

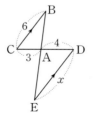

＊ 다음 그림에서 $\overline{BC} /\!/ \overline{DE}$인 것에는 ◯표, 아닌 것에는
×표를 하시오.

08

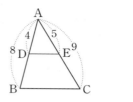

(   )

09

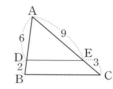

(   )

10

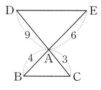

(   )

11

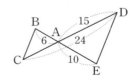

(   )

삼각형의 내각의 이등분선

△ABC에서 ∠A의 이등분선이 $\overline{BC}$와 만나는 점을 D라고 하면

➡ $\overline{AB} : \overline{AC} = \overline{BD} : \overline{CD}$

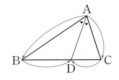

---

* 다음 그림과 같은 △ABC에서 $\overline{AD}$가 ∠A의 이등분선일 때, x의 값을 구하시오.

01

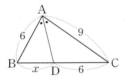

➡ $\boxed{} : 9 = x : \boxed{}$　　∴ $x = \boxed{}$

02

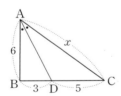

03

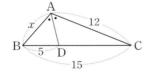

04

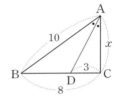

05

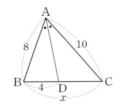

06

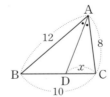

삼각형의 외각의 이등분선

△ABC에서 ∠A의 외각의 이등분선이 $\overline{BC}$의 연장선과 만나는 점을 D라고 하면

➡ $\overline{AB} : \overline{AC} = \overline{BD} : \overline{CD}$

주의 $\overline{AB} : \overline{AC} \neq \overline{BC} : \overline{CD}$

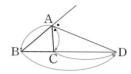

---

* 다음 그림과 같은 △ABC에서 $\overline{AD}$가 ∠A의 외각의
이등분선일 때, x의 값을 구하시오.

07

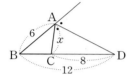

➡ $6 : x = \boxed{} : \boxed{}$ ∴ $x = \boxed{}$

08

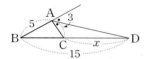

09

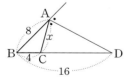

10

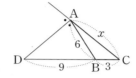

11

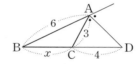

12

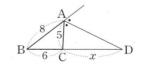

평행선 사이의 선분의 길이의 비

평행한 세 직선이 다른 두 직선과 만나서 생긴 선분의 길이의 비는 같다.

➡ $l /\!/ m /\!/ n$이면 $a : b = a' : b'$ 또는 $a : a' = b : b'$

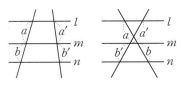

---

* **다음 그림에서 $l /\!/ m /\!/ n$일 때, x의 값을 구하시오.**

01

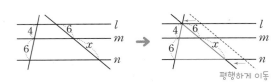

평행하게 이동

➡ $4 : \boxed{} = \boxed{} : x$ ∴ $x = \boxed{}$

> 삼각형에서 평행선과 선분의 길이의 비를 이용한다고 생각해!

02

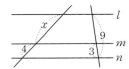

03

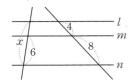

04

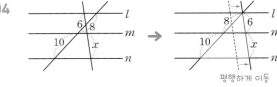

평행하게 이동

➡ $6 : x = \boxed{} : \boxed{}$ ∴ $x = \boxed{}$

05

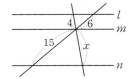

06

사다리꼴에서 평행선을 이용한 평행선과 선분의 길이의 비

사다리꼴 ABCD에서 $\overline{AD} /\!/ \overline{EF} /\!/ \overline{BC}$일 때, 점 A를 지나고 $\overline{DC}$와 평행한 선을 그으면

❶ $\overline{GF} = \overline{AD} = \overline{HC} = a$

❷ $\triangle ABH$에서 $\overline{EG} : \overline{BH} = \overline{AE} : \overline{AB} = m : (m+n)$

❸ $\overline{EF} = \overline{EG} + \overline{GF}$

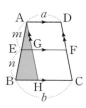

---

* 아래 그림과 같은 사다리꼴 ABCD에서
$\overline{AD} /\!/ \overline{EF} /\!/ \overline{BC}$, $\overline{AH} /\!/ \overline{DC}$일 때, 다음을 구하시오.

07

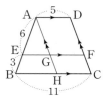

(1) $\overline{EG}$의 길이

(2) $\overline{EF}$의 길이

08

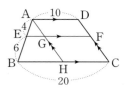

(1) $\overline{EG}$의 길이

(2) $\overline{EF}$의 길이

* 다음 그림과 같은 사다리꼴 ABCD에서
$\overline{AD} /\!/ \overline{EF} /\!/ \overline{BC}$일 때, 평행선을 이용하여 $\overline{EF}$의 길이를 구하시오.

09

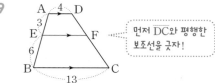

먼저 $\overline{DC}$와 평행한
보조선을 긋자!

10

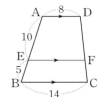

11

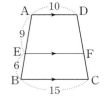

평행선 사이의 선분의 길이의 비 2

사다리꼴에서 대각선을 이용한 평행선과 선분의 길이의 비

사다리꼴 ABCD에서 $\overline{AD} /\!/ \overline{EF} /\!/ \overline{BC}$일 때, 대각선 AC를 그으면

❶ △ABC에서 $\overline{EG} : \overline{BC} = \overline{AE} : \overline{AB} = m : (m+n)$

❷ △ACD에서 $\overline{GF} : \overline{AD} = \overline{CF} : \overline{CD} = \overline{BE} : \overline{BA} = n : (m+n)$

❸ $\overline{EF} = \overline{EG} + \overline{GF}$

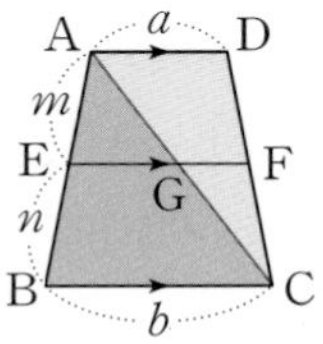

---

* 아래 그림과 같은 사다리꼴 ABCD에서
$\overline{AD} /\!/ \overline{EF} /\!/ \overline{BC}$일 때, 다음을 구하시오.

01

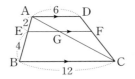

(1) $\overline{EG}$의 길이

(2) $\overline{GF}$의 길이

(3) $\overline{EF}$의 길이

02

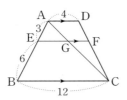

(1) $\overline{EG}$의 길이

(2) $\overline{GF}$의 길이

(3) $\overline{EF}$의 길이

* 다음 그림과 같은 사다리꼴 ABCD에서
$\overline{AD} /\!/ \overline{EF} /\!/ \overline{BC}$일 때, 대각선을 이용하여 $\overline{EF}$의 길이
를 구하시오.

03

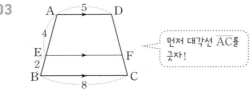

먼저 대각선 $\overline{AC}$를
긋자!

04

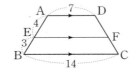

05

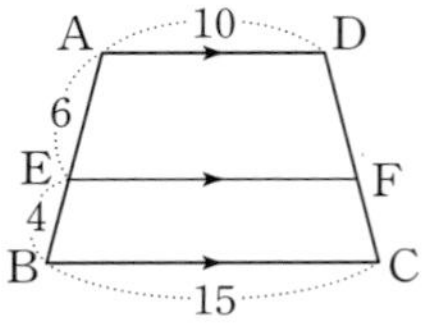

평행선과 선분의 길이의 비의 응용

$\overline{AC}$와 $\overline{BD}$의 교점을 E라 하고 $\overline{AB} /\!/ \overline{EF} /\!/ \overline{DC}$ 일 때

❶ △AEB∽△CED이므로

$\overline{AE} : \overline{EC} = \overline{BE} : \overline{ED} = a : b$

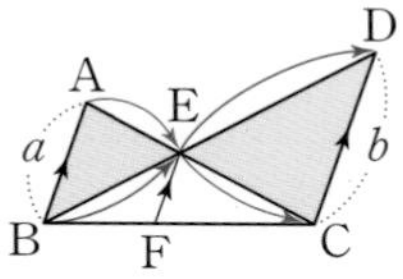

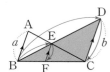

❷ △BCD에서 △BFE∽△BCD
이므로

$\overline{BE} : \overline{BD} = \overline{EF} : \overline{DC}$

➡ $a : (a+b) = \overline{EF} : b$

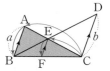

❸ △ABC에서 △CEF∽△CAB
이므로

$\overline{CE} : \overline{CA} = \overline{EF} : \overline{AB}$

➡ $b : (a+b) = \overline{EF} : a$

---

* **아래 그림에서 $\overline{AB} /\!/ \overline{EF} /\!/ \overline{DC}$일 때, 다음을 구하시오.**

06

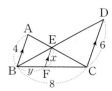

(1) $\overline{BE} : \overline{ED}$

(2) $\overline{BE} : \overline{BD}$

(3) x의 값

△ABC 또는 △BCD에서
구할 수 있어!

(4) y의 값

07

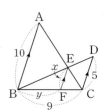

(1) $\overline{BE} : \overline{ED}$

(2) $\overline{BE} : \overline{BD}$

(3) x의 값

(4) y의 값

* **다음 그림에서 $\overline{AB}$, $\overline{EF}$, $\overline{DC}$가 모두 $\overline{BC}$에 수직일 때, $\overline{EF}$의 길이를 구하시오.**

08

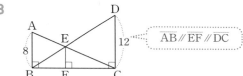

$\overline{AB} /\!/ \overline{EF} /\!/ \overline{DC}$

09

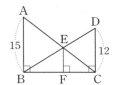

10

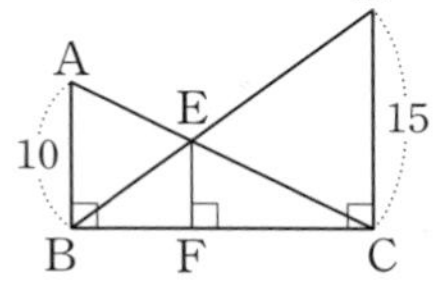

Chapter Ⅲ 도형의 닮음 _ 107

ACT 38

삼각형의 두 변의 중점을 연결한 선분의 성질

스피드 정답 : 07쪽
친절한 풀이 : 28쪽

❶ $\triangle$ABC에서 $\overline{AM}=\overline{MB}$, $\overline{AN}=\overline{NC}$이면

➡ $\overline{MN} /\!/ \overline{BC}$, $\overline{MN}=\frac{1}{2}\overline{BC}$

❷ $\triangle$ABC에서 $\overline{AM}=\overline{MB}$, $\overline{MN} /\!/ \overline{BC}$이면

➡ $\overline{AN}=\overline{NC}$, $\overline{MN}=\frac{1}{2}\overline{BC}$

* **다음 그림의 $\triangle$ABC에서 $\overline{AM}=\overline{MB}$, $\overline{AN}=\overline{NC}$일 때, x의 값을 구하시오.**

01

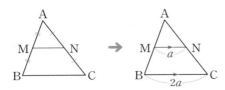

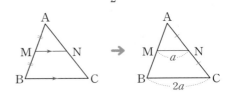

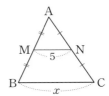

02

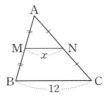

03

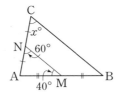

* **다음 그림의 $\triangle$ABC에서 $\overline{AM}=\overline{MB}$, $\overline{MN} /\!/ \overline{BC}$일 때, x의 값을 구하시오.**

04

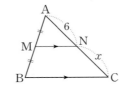

05

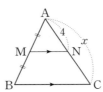

06

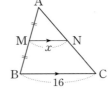

* 다음 그림의 △ABC에서 $\overline{AB}$, $\overline{AC}$의 중점을 각각 M, N이라고 할 때, x의 값을 구하시오.

07

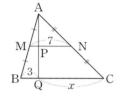

08

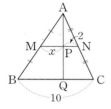

* 다음 그림의 △ABC와 △DBC에서 네 점 M, N, P, Q는 각각 $\overline{AB}$, $\overline{AC}$, $\overline{BD}$, $\overline{CD}$의 중점일 때, x의 값을 구하시오.

09

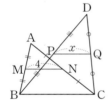

➡ △ABC에서 $\overline{BC}=$ ☐ $\overline{MN}=$ ☐

　　△DBC에서 $x=$ ☐ $\overline{BC}=$ ☐

10

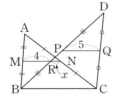

* 다음 그림의 △ABC에서 $\overline{AD}=\overline{DB}$이고 $\overline{DE}/\!/\overline{BC}$, $\overline{AB}/\!/\overline{EF}$일 때, x의 값을 구하시오.

11

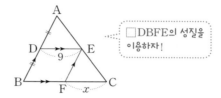

□DBFE의 성질을 이용하자!

12

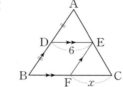

* 다음 그림에서 $\overline{AD}/\!/\overline{BC}$이고, 두 점 M, N은 각 $\overline{AC}$, $\overline{BD}$의 중점이다. $\overline{AB}$와 $\overline{MN}$의 연장선의 교점을 P라고 할 때, x의 값을 구하시오.

13

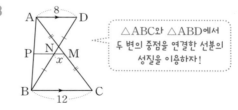

△ABC와 △ABD에서 두 변의 중점을 연결한 선분의 성질을 이용하자!

14

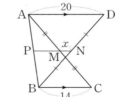

사다리꼴에서 삼각형의 두 변의 중점을 연결한 선분의 성질

$\overline{AD} \, /\!/ \, \overline{BC}$인 사다리꼴 ABCD에서 두 점 M, N이 각각 $\overline{AB}$, $\overline{DC}$의 중점일 때

❶ $\overline{AD} \, /\!/ \, \overline{MN} \, /\!/ \, \overline{BC}$

❷ $\overline{MP} = \dfrac{1}{2}\,\overline{BC} = \dfrac{1}{2}\,b$, $\overline{PN} = \dfrac{1}{2}\,\overline{AD} = \dfrac{1}{2}\,a$

❸ $\overline{MN} = \overline{MP} + \overline{PN} = \dfrac{1}{2}(a+b)$

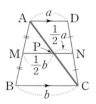

---

* 아래 그림과 같이 $\overline{AD} \, /\!/ \, \overline{BC}$인 사다리꼴 ABCD에서 $\overline{AB}$, $\overline{DC}$의 중점을 각각 M, N이라고 할 때, 다음을 구하시오.

01

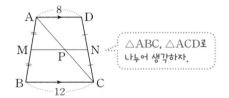

△ABC, △ACD로 나누어 생각하자.

(1) $\overline{MP}$의 길이

(2) $\overline{PN}$의 길이

(3) $\overline{MN}$의 길이

02

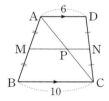

(1) $\overline{MP}$의 길이

(2) $\overline{PN}$의 길이

(3) $\overline{MN}$의 길이

* 다음 그림과 같이 $\overline{AD} \, /\!/ \, \overline{BC}$인 사다리꼴 ABCD에서 $\overline{AB}$, $\overline{DC}$의 중점을 각각 M, N이라고 할 때, x의 값을 구하시오.

03

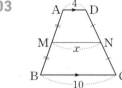

04

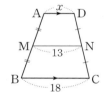

05

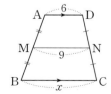

$\overline{AD} /\!/ \overline{BC}$인 사다리꼴 ABCD에서 두 점 M, N이 각각 $\overline{AB}$, $\overline{DC}$의 중점일 때

❶ $\overline{AD} /\!/ \overline{MN} /\!/ \overline{BC}$

❷ $\overline{MP}= \dfrac{1}{2}\,\overline{AD}= \dfrac{1}{2}\,a$, $\overline{MQ}= \dfrac{1}{2}\,\overline{BC}= \dfrac{1}{2}\,b$

❸ $\overline{PQ}= \overline{MQ}- \overline{MP}= \dfrac{1}{2}(b-a)$

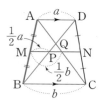

＊ 아래 그림과 같이 $\overline{AD} /\!/ \overline{BC}$인 사다리꼴 ABCD에서 $\overline{AB}$, $\overline{DC}$의 중점을 각각 M, N이라고 할 때, 다음을 구하시오.

06

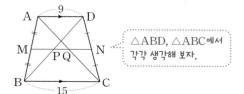

△ABD, △ABC에서 각각 생각해 보자.

(1) $\overline{MP}$의 길이

(2) $\overline{MQ}$의 길이

(3) $\overline{PQ}$의 길이

07

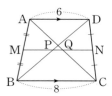

(1) $\overline{MP}$의 길이

(2) $\overline{MQ}$의 길이

(3) $\overline{PQ}$의 길이

＊ 다음 그림과 같이 $\overline{AD} /\!/ \overline{BC}$인 사다리꼴 ABCD에서 $\overline{AB}$, $\overline{DC}$의 중점을 각각 M, N이라고 할 때, x의 값을 구하시오.

08

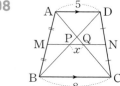

09

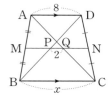

10

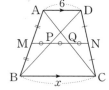

유형 1 ― **삼각형의 세 변의 중점을 연결하여
만든 삼각형**

＊ 다음 그림의 △ABC에서 $\overline{AB}$, $\overline{BC}$, $\overline{CA}$의 중점을 각
각 D, E, F라고 할 때, △DEF의 둘레의 길이를 구하
시오.

01

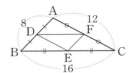

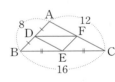

$$\overline{EF} = \boxed{}\ \overline{AB}$$
$$= \boxed{} \times 8$$
$$= \boxed{}$$

$$\overline{DF} = \frac{1}{2}\boxed{}$$
$$= \frac{1}{2} \times \boxed{}$$
$$= \boxed{}$$

$$\overline{DE} = \frac{1}{2}\boxed{}$$
$$= \frac{1}{2} \times \boxed{}$$
$$= \boxed{}$$

⬇

∴ (△DEF의 둘레의 길이)
$$= \overline{EF} + \overline{DF} + \overline{DE}$$
$$= \boxed{} + \boxed{} + \boxed{} = \boxed{}$$

02

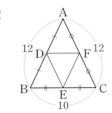

03

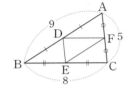

04

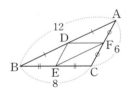

05

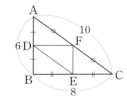

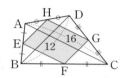

유형 2 사각형의 네 변의 중점을 연결하여 만든 사각형

* 다음 그림의 □ABCD에서 $\overline{AB}$, $\overline{BC}$, $\overline{CD}$, $\overline{DA}$의 중점을 각각 E, F, G, H라고 할 때, □EFGH의 둘레의 길이를 구하시오.

06 □ABCD는 사각형

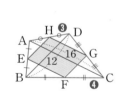

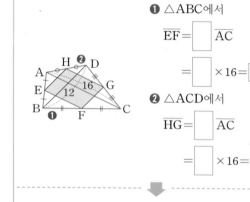

❶ △ABC에서

$\overline{EF} = \boxed{}\ \overline{AC}$

$= \boxed{} \times 16 = \boxed{}$

❷ △ACD에서

$\overline{HG} = \boxed{}\ \overline{AC}$

$= \boxed{} \times 16 = \boxed{}$

❸ △ABD에서

$\overline{EH} = \dfrac{1}{2}\boxed{}$

$= \dfrac{1}{2} \times \boxed{} = \boxed{}$

❹ △BCD에서

$\overline{FG} = \dfrac{1}{2}\boxed{}$

$= \dfrac{1}{2} \times \boxed{} = \boxed{}$

❶~❹에서 □EFGH의 둘레의 길이는

$2 \times (8 + \boxed{}) = \boxed{}$

07 □ABCD는 직사각형

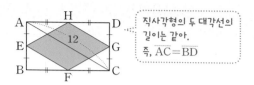

> 직사각형의 두 대각선의 길이는 같아.
> 즉, $\overline{AC} = \overline{BD}$

08 □ABCD는 평행사변형

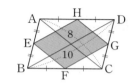

09 □ABCD는 정사각형

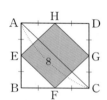

10 □ABCD는 마름모

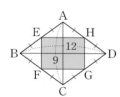

삼각형의 두 변의 중점을 연결한 선분의 성질 활용 2

스피드 정답 : 07쪽
친절한 풀이 : 29쪽

* **아래 그림에서 x의 값을 구하시오.**

01

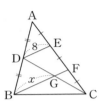

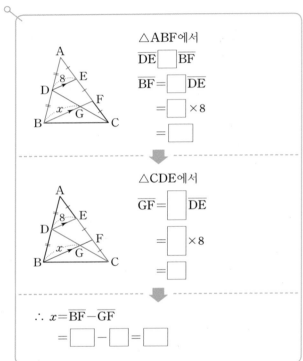

△ABF에서

$\overline{DE}$ ☐ $\overline{BF}$

$\overline{BF} = $ ☐ $\overline{DE}$

$\quad = $ ☐ $\times 8$

$\quad = $ ☐

△CDE에서

$\overline{GF} = $ ☐ $\overline{DE}$

$\quad = $ ☐ $\times 8$

$\quad = $ ☐

$\therefore \; x = \overline{BF} - \overline{GF}$

$\quad = $ ☐ $-$ ☐ $=$ ☐

02

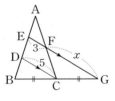

03

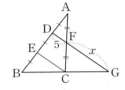

04

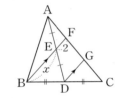

05

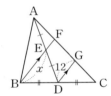

06

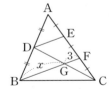

* 다음 그림에서 $\overline{AM}=\overline{MB}$, $\overline{MD}=\overline{DE}$이고 $\overline{MN}\,/\!/\,\overline{BE}$일 때, x의 값을 구하시오.

07

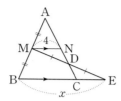

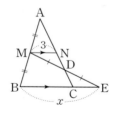

△ABC에서
$\overline{BC}=\boxed{}\ \overline{MN}$

$\quad=\boxed{}\times 4=\boxed{}$

↓

△MND와 △ECD에서

∠MDN = $\boxed{}$
(맞꼭지각)

∠NMD = $\boxed{}$
(엇각)

$\overline{MD}=\boxed{}$ 이므로

△MND≡△ECD

($\boxed{}$ 합동)

∴ $\overline{CE}=\overline{MN}=\boxed{}$

↓

∴ $x=\overline{BC}+\overline{CE}$

$\quad=\boxed{}+\boxed{}=\boxed{}$

08

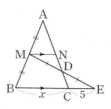

09

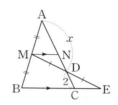

10

* 다음 그림에서 $\overline{AM}=\overline{MB}$이고 $\overline{MD}=\overline{DE}$일 때, x의 값을 구하시오.

11

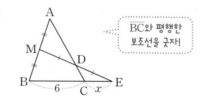

$\overline{BC}$와 평행한 보조선을 긋자!

12

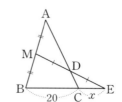

삼각형의 무게중심

Ⓥ 삼각형의 중선　"생긴 건 달라도 넓이는 같아."

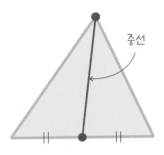

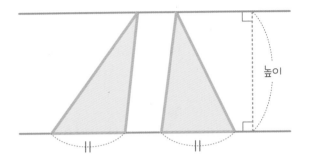

▲ 중선
삼각형의 한 꼭짓점과 그 대
변의 중점을 연결한 선분

▲ 중선의 성질
중선에 의해 나뉜 두 삼각형은 밑변의 길이와 높이가 각
각 같으므로 넓이도 같다.
삼각형의 중선은 그 **삼각형의 넓이를 이등분한다.**

Ⓥ 삼각형의 무게중심　"중선의 길이를 2:1로 나눈다!"

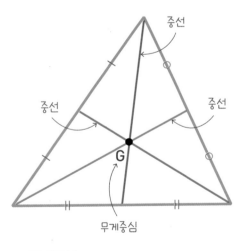

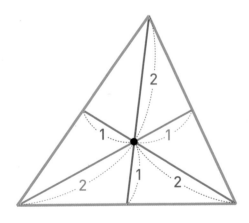

▲ 무게중심
삼각형에서 세 중선의 교점을 무게중심이라
고 하고, 무게중심(Center of gravity)은 일반
적으로 **G**로 나타낸다.

▲ 무게중심의 성질
삼각형의 무게중심은 세 중선의 길이를 각
꼭짓점으로부터 **2:1**로 나눈다.

Ⅴ 삼각형의 무게중심과 넓이 "넓이가 똑같은 삼각형이 6조각"

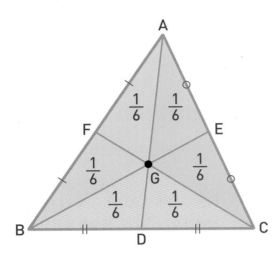

세 중선에 의해 나누어진 6개의 삼각형은 넓이가 모두 같다.

$$\triangle AFG = \triangle BFG$$
$$= \triangle BDG = \triangle CDG$$
$$= \triangle CEG = \triangle AEG$$
$$= \frac{1}{6}\triangle ABC$$

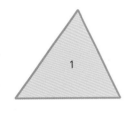 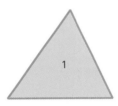 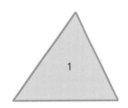

◀ 삼각형의 넓이를 1이라고 생각하자.

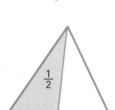 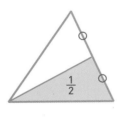 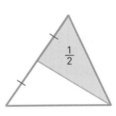

◀ 중선의 성질에 의해 삼각형의 중선은 그 삼각형의 넓이를 이등분한다.

➡ 색칠한 부분의 넓이는 $\frac{1}{2}$

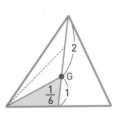 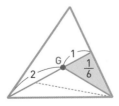 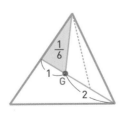

◀ ❶ 무게중심은 중선의 길이를 꼭짓점으로부터 2:1로 나눈다.

❷ 높이가 같은 삼각형의 넓이의 비는 밑변의 길이의 비와 같다.

➡ 색칠한 부분의 넓이는

$\frac{1}{2}$의 $\frac{1}{3}$, 즉 $\frac{1}{6}$

삼각형의 중선

삼각형의 중선 : 삼각형의 한 꼭짓점과 그 대변의 중점을 이은 선분

삼각형의 중선의 성질
삼각형의 중선은 그 삼각형의 넓이를 이등분한다.

➡ $\triangle ABC$에서 $\overline{AD}$가 중선이면 $\triangle ABD = \triangle ADC = \dfrac{1}{2}\triangle ABC$

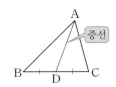

---

* 다음 그림에서 $\overline{AD}$가 $\triangle ABC$의 중선이고 $\triangle ABC$의 넓이가 24 cm^2일 때, 색칠한 부분의 넓이를 구하시오.

01

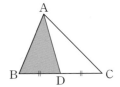

02

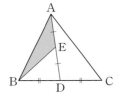

03

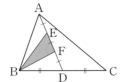

* 다음 그림에서 $\overline{AD}$가 $\triangle ABC$의 중선이고 $\triangle ABD$의 넓이가 9 cm^2일 때, 색칠한 부분의 넓이를 구하시오.

04

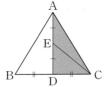

05

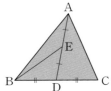

06

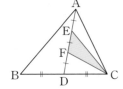

삼각형의 무게중심

삼각형의 무게중심 : 삼각형의 세 중선의 교점

삼각형의 무게중심의 성질

· 삼각형의 중선은 한 점(무게중심)에서 만난다.

· 삼각형의 무게중심은 세 중선의 길이를 각 꼭짓점으로부터 $2 : 1$로 나눈다.

➡ $\overline{AG} : \overline{GD} = \overline{BG} : \overline{GE} = \overline{CG} : \overline{GF} = 2 : 1$

│참고│ · 정삼각형의 무게중심, 외심, 내심은 모두 일치한다.
　　　　· 이등변삼각형의 무게중심, 외심, 내심은 모두 꼭지각의 이등분선 위에 있다.

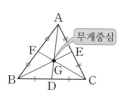

---

* 다음 그림에서 점 G가 $\triangle$ABC의 무게중심일 때, x의 값을 구하시오.

07

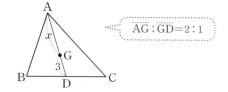

$\overline{AG} : \overline{GD} = 2 : 1$

08

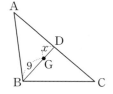

09

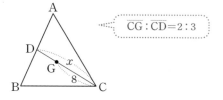

$\overline{CG} : \overline{CD} = 2 : 3$

* 다음 그림에서 점 G가 $\triangle$ABC의 무게중심일 때, x, y의 값을 각각 구하시오.

10

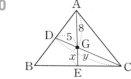

11

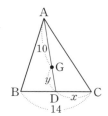

12

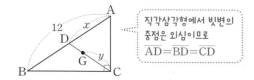

직각삼각형에서 빗변의 중점은 외심이므로 $\overline{AD} = \overline{BD} = \overline{CD}$

- 삼각형의 세 중선에 의해 나누어진 6개의 삼각형의 넓이는 모두 같다.

  ➡ $\triangle GAF = \triangle GBF = \triangle GBD = \triangle GCD = \triangle GCE = \triangle GAE = \frac{1}{6}\triangle ABC$

- 삼각형의 무게중심과 세 꼭짓점을 이어 생긴 세 삼각형의 넓이는 같다.

  ➡ $\triangle GAB = \triangle GBC = \triangle GCA = \frac{1}{3}\triangle ABC$

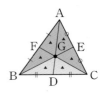

✱ 다음 그림에서 점 G는 △ABC의 무게중심이고
△ABC의 넓이가 24 cm²일 때, 색칠한 부분의 넓이
를 구하시오.

01

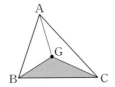

02

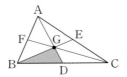

03

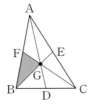

04

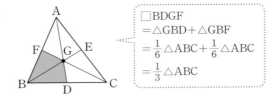

$\square BDGF$
$= \triangle GBD + \triangle GBF$
$= \frac{1}{6}\triangle ABC + \frac{1}{6}\triangle ABC$
$= \frac{1}{3}\triangle ABC$

05

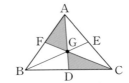

06

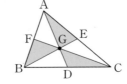

* 다음 그림에서 점 G는 △ABC의 무게중심이고
  △AEG의 넓이가 3 cm²일 때, 색칠한 부분의 넓이를
  구하시오.

07

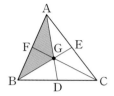

08

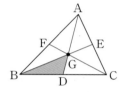

09

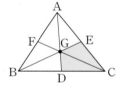

10

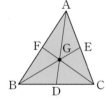

* 다음 그림에서 점 G는 △ABC의 무게중심이고
  △ABC의 넓이가 18 cm²일 때, 색칠한 부분의 넓이
  를 구하시오.

11

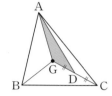

12

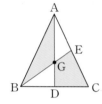

13

14

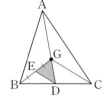

유형 1   △ABC, △GBC의 무게중심

＊ 다음 그림에서 점 G는 △ABC의 무게중심이고, 점 G′
은 △GBC의 무게중심일 때, x의 값을 구하시오.

01

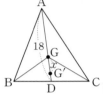

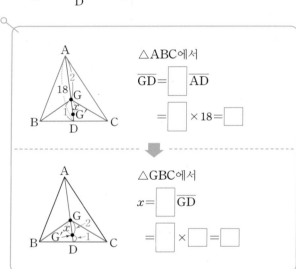

△ABC에서

$\overline{GD} = \boxed{} \overline{AD}$

$= \boxed{} \times 18 = \boxed{}$

△GBC에서

$x = \boxed{} \overline{GD}$

$= \boxed{} \times \boxed{} = \boxed{}$

02

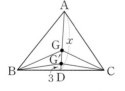

03

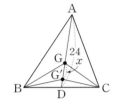

04

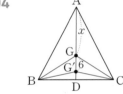

05

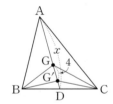

06 다음 그림에서 점 G는 △ABC, 점 G′은 △GBC
의 무게중심이다. △ABC의 넓이가 18 cm²일
때, 색칠한 부분의 넓이를 구하시오.

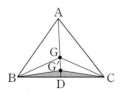

* 다음 그림에서 점 G는 △ABC의 무게중심일 때, x의 값을 구하시오.

07

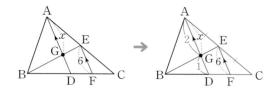

점 G가 △ABC의 무게중심이므로

$\overline{AE}=\boxed{}$

△ADC에서 $\overline{AD}$ // $\overline{EF}$이므로

$\overline{AD}=2\boxed{}=2\times\boxed{}=\boxed{}$

$\therefore \ x=\boxed{}\overline{AD}=\boxed{}\times\boxed{}=\boxed{}$

08

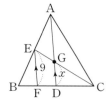

09

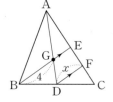

* 다음 그림에서 점 G는 △ABC의 무게중심일 때, x의 값을 구하시오.

10

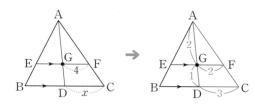

점 G가 △ABC의 무게중심이므로

△ADC에서

$\overline{GF}:\overline{DC}=2:\boxed{}$

$\boxed{}:x=2:\boxed{}$ $\therefore \ x=\boxed{}$

11

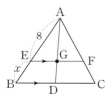

12

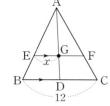

유형 1 　　**길이에서의 활용**

평행사변형 ABCD에서 점 O는 두 대각선의 교점이고 두 점 M, N이 각각 $\overline{BC}$, $\overline{CD}$의 중점일 때 $\overline{AO}=\overline{OC}$이므로

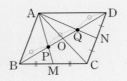

- 점 P는 △ABC의 무게중심이다.
- 점 Q는 △ACD의 무게중심이다.
- $\overline{BP} : \overline{PO} = \overline{DQ} : \overline{QO} = 2 : 1$
- $\overline{BP} = \overline{PQ} = \overline{QD}$

＊ 다음 그림과 같은 평행사변형 ABCD에서 x의 값을 구하시오. (단, 점 O는 두 대각선의 교점이다.)

01

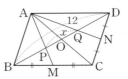

두 점 P, Q는 각각 △ABC, △ACD의

　　　　 이다.

∴ $x = \overline{PO} + \boxed{}$

$\quad = \dfrac{1}{3}\overline{BO} + \boxed{}\,\overline{OD}$

$\quad = \boxed{}\,(\overline{BO} + \overline{OD})$

$\quad = \dfrac{1}{3}\,\boxed{}$

$\quad = \dfrac{1}{3} \times \boxed{}$

$\quad = \boxed{}$

02

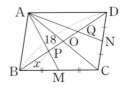

03

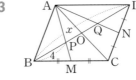

04

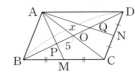

05

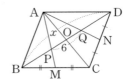

유형 2 넓이에서의 활용

* 다음 그림과 같은 평행사변형 ABCD의 넓이가 48 cm^2
일 때, 색칠한 부분의 넓이를 구하시오.

06

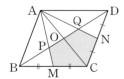

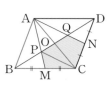

$\overline{PC}$를 그으면 점 P는 $\boxed{}$의 무게중심이므로

$\triangle OPC = \triangle PMC$

$\quad = \boxed{}\triangle ABC$

$\quad = \boxed{} \times \left(\boxed{}\square ABCD\right)$

$\quad = \boxed{}\square ABCD$

$\quad = \boxed{} \times \boxed{}$

$\quad = \boxed{}\ (\text{cm}^2)$

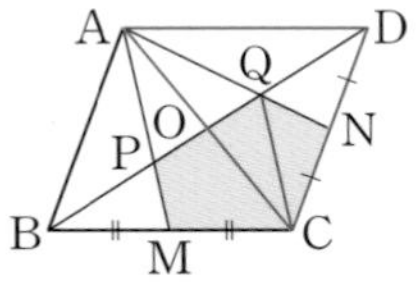

$\overline{CQ}$를 그으면 점 Q는 $\boxed{}$의 무게중심이므로
같은 방법으로

$\triangle OCQ = \triangle QCN = \boxed{}\ \text{cm}^2$

$\triangle OPC = \triangle PMC = \triangle OCQ = \triangle QCN = 4\text{ cm}^2$이
므로 오각형 PMCNQ의 넓이는

$4 \times \boxed{} = \boxed{}\ (\text{cm}^2)$

07

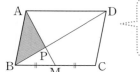

점 P는 $\triangle ABC$의
무게중심이므로
$\triangle ABP = \dfrac{1}{3}\triangle ABC$

08

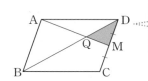

점 Q는 $\triangle ACD$의
무게중심이므로
$\triangle DQM = \dfrac{1}{6}\triangle ACD$

09

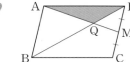

10

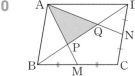

* 다음 그림에서 $\overline{BC} \parallel \overline{DE}$일 때, $x+y$의 값을 구하시오.
(01~02)

01

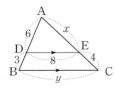

02

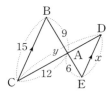

03 다음 중 $\overline{BC} \parallel \overline{DE}$가 아닌 것은?

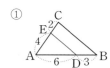

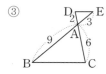

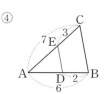

04 오른쪽 그림의 △ABC에서 $\overline{AD}$가 ∠A의 이등분선일 때, $\overline{CD}$의 길이를 구하시오.

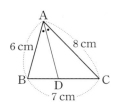

05 오른쪽 그림의 △ABC에서 $\overline{AD}$가 ∠A의 외각의 이등분선일 때, $\overline{BC}$의 길이를 구하시오.

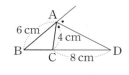

06 오른쪽 그림에서 $\overline{AB} \parallel \overline{EF} \parallel \overline{DC}$일 때, $\overline{EF}$의 길이를 구하시오.

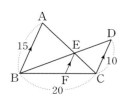

07 오른쪽 그림과 같이 $\overline{AD} \parallel \overline{BC}$인 사다리꼴 ABCD에서 두 점 M, N은 각각 $\overline{AB}$, $\overline{DC}$의 중점일 때, $\overline{PQ}$의 길이를 구하시오.

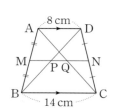

08 오른쪽 그림에서 △ABC의 둘레의 길이가 24 cm일 때, △ABC의 각 변의 중점을 이어 만든 △DEF의 둘레의 길이를 구하시오.

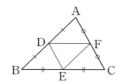

12 오른쪽 그림에서 점 G가 △ABC의 무게중심일 때, $x+y$의 값을 구하시오.

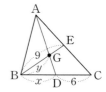

09 오른쪽 그림과 같은 직사각형 ABCD에서 네 점 E, F, G, H는 각 변의 중점일 때, □EFGH의 둘레의 길이를 구하시오.

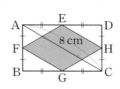

13 오른쪽 그림에서 점 G는 △ABC의 무게중심이고 △GBD의 넓이가 6 cm²일 때, △ABC의 넓이를 구하시오.

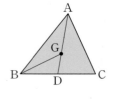

10 오른쪽 그림의 △ABC에서 $\overline{BC}$의 중점을 D, $\overline{AD}$의 중점을 E라고 하자. $\overline{CF} /\!/ \overline{DG}$일 때, $\overline{CE}$의 길이를 구하시오.

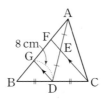

14 오른쪽 그림에서 점 G는 △ABC의 무게중심이고, 점 G′은 △GBC의 무게중심일 때, $\overline{GG'}$의 길이를 구하시오.

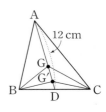

11 오른쪽 그림에서 $\overline{AD}$는 △ABC의 중선이고 △ABC의 넓이가 32 cm²일 때, △ABE의 넓이를 구하시오.

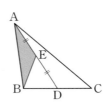

15 오른쪽 그림과 같은 평행사변형 ABCD에서 두 점 M, N은 각각 $\overline{BC}$, $\overline{CD}$의 중점일 때, $\overline{BD}$의 길이를 구하시오.

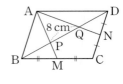

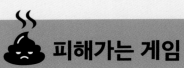
✻ 게임 방법

❶ 💩 이 **있는** 칸은 지나갈 수 **없습니다.**

❷ 💩 이 **없는** 칸은 **반드시 지나가야** 합니다.

❸ 한번 통과한 칸은 다시 지나갈 수 없습니다.

❹ 가로와 세로 방향으로만 갈 수 있으며,
대각선으로는 갈 수 없습니다.

답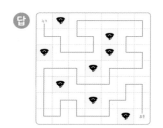

Chapter IV
피타고라스 정리

keyword

직각삼각형, 피타고라스 정리, 유클리드, 바스카라,

가필드, 삼각형의 높이와 넓이, 히포크라테스의 원

피타고라스 정리

Ⓥ 피타고라스 정리 **"피타고라스가 발견한 직각삼각형만의 특별함"**

두 변의 길이를 알면 나머지 한 변의 길이를 구할 수 있다.

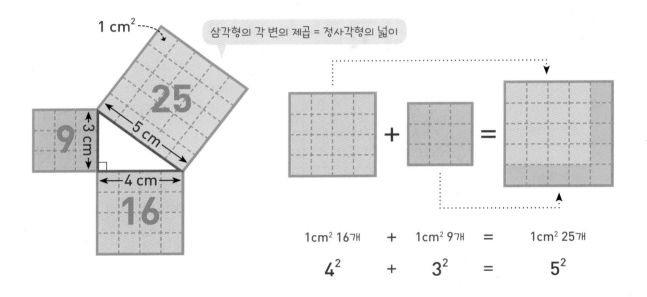

삼각형의 각 변의 제곱 = 정사각형의 넓이

| 1cm² 16개 | + | 1cm² 9개 | = | 1cm² 25개 |
| 4^2 | + | 3^2 | = | 5^2 |

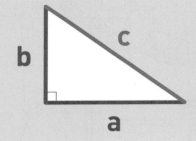

$$a^2 + b^2 = c^2$$

직각을 이루는 두 변   직각과 마주보는 빗변

◆ **피타고라스 수**

피타고라스 수는 (3, 4, 5)나 (8, 15, 17)처럼 피타고라스 정리를 만족하는 세 자연수를 말해요.
즉, 직각삼각형을 만들 수 있는 세 자연수의 조합이죠.
몇 개 외워두면 문제를 해결하기 편리해요!

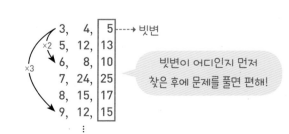

빗변이 어디인지 먼저 찾은 후에 문제를 풀면 편해!

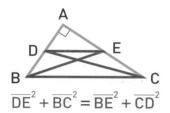

$$\overline{DE}^2 + \overline{BC}^2 = \overline{BE}^2 + \overline{CD}^2$$

피타고라스 정리를 이용한 직각삼각형의 성질

$$\overline{DE}^2 + \overline{BC}^2 = (\overline{AD}^2 + \overline{AE}^2) + (\overline{AB}^2 + \overline{AC}^2)$$
$$= (\overline{AE}^2 + \overline{AB}^2) + (\overline{AD}^2 + \overline{AC}^2)$$
$$= \overline{BE}^2 + \overline{CD}^2$$

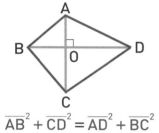

$$\overline{AB}^2 + \overline{CD}^2 = \overline{AD}^2 + \overline{BC}^2$$

두 대각선이 직교하는 사각형의 성질

$$\overline{AB}^2 + \overline{CD}^2 = (\overline{AO}^2 + \overline{BO}^2) + (\overline{CO}^2 + \overline{DO}^2)$$
$$= (\overline{AO}^2 + \overline{DO}^2) + (\overline{BO}^2 + \overline{CO}^2)$$
$$= \overline{AD}^2 + \overline{BC}^2$$

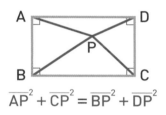

$$\overline{AP}^2 + \overline{CP}^2 = \overline{BP}^2 + \overline{DP}^2$$

피타고라스 정리를 이용한 직사각형의 성질

$$\overline{AP}^2 + \overline{CP}^2$$
$$= (\overline{AH}^2 + \overline{HP}^2) + (\overline{PG}^2 + \overline{GC}^2)$$
$$= (\overline{AH}^2 + \overline{GC}^2) + (\overline{HP}^2 + \overline{PG}^2)$$
$$= (\overline{BF}^2 + \overline{PF}^2) + (\overline{DG}^2 + \overline{PG}^2)$$
$$= \overline{BP}^2 + \overline{DP}^2$$

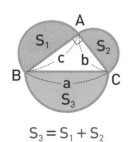

$$S_3 = S_1 + S_2$$

직각삼각형의 세 반원 사이의 관계

- $S_1 + S_2 = \dfrac{1}{2} \times \pi \times \left(\dfrac{c}{2}\right)^2 + \dfrac{1}{2} \times \pi \times \left(\dfrac{b}{2}\right)^2 = \dfrac{1}{8}\pi(b^2 + c^2)$

  $\triangle ABC$에서 $b^2 + c^2 = a^2$이므로 $S_1 + S_2 = \dfrac{1}{8}\pi a^2$

- $S_3 = \dfrac{1}{2} \times \pi \times \left(\dfrac{a}{2}\right)^2 = \dfrac{1}{8}\pi a^2$ $\therefore S_1 + S_2 = S_3$

히포크라테스의 원의 넓이

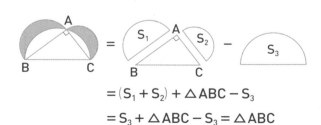

$$= (S_1 + S_2) + \triangle ABC - S_3$$
$$= S_3 + \triangle ABC - S_3 = \triangle ABC$$

$$P + Q = \triangle ABC = \frac{1}{2}bc$$

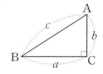

ACT 46 피타고라스 정리

스피드 정답 : 08쪽
친절한 풀이 : 33쪽

직각삼각형에서 직각을 끼고 있는 두 변의 길이를 각각 a, b라 하고, 빗변의 길이를 c라고 하면

➡ $a^2 + b^2 = c^2$

| 참고 | 직각삼각형에서 빗변의 길이는 가장 긴 변의 길이로 직각의 대변이다.

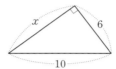

＊ 직각삼각형에서 직각을 끼고 있는 두 변의 길이를 각각 a, b라 하고 빗변의 길이를 c라고 할 때, $a^2 + b^2 = c^2$이 성립한다. 이때 빗변을 찾아 ○표를 하시오.

01

02

＊ 다음 그림의 직각삼각형에서 x의 값을 구하시오.

03

➡ $x^2 = 3^2 + \boxed{}^2 = \boxed{}$

∴ $x = \boxed{}$ (∵ $x > 0$)

04

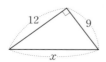

05

06

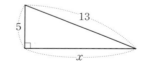

07

08

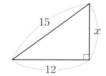

* 다음 그림의 삼각형에서 x, y의 값을 각각 구하시오.

09

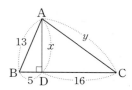

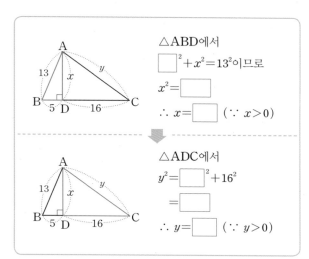

△ABD에서

$\boxed{}^2 + x^2 = 13^2$이므로

$x^2 = \boxed{}$

$\therefore x = \boxed{}$ ($\because x > 0$)

△ADC에서

$y^2 = \boxed{}^2 + 16^2$

$= \boxed{}$

$\therefore y = \boxed{}$ ($\because y > 0$)

10

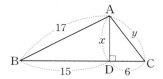

11

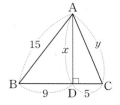

12

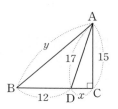

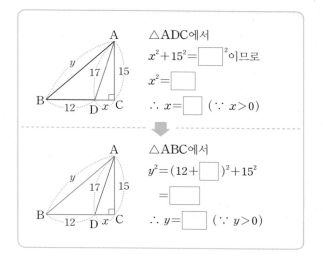

△ADC에서

$x^2 + 15^2 = \boxed{}^2$이므로

$x^2 = \boxed{}$

$\therefore x = \boxed{}$ ($\because x > 0$)

△ABC에서

$y^2 = (12 + \boxed{})^2 + 15^2$

$= \boxed{}$

$\therefore y = \boxed{}$ ($\because y > 0$)

13

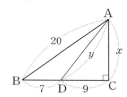

14

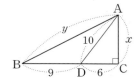

유형 1   직사각형에서 대각선의 길이 구하기

* 다음 그림의 직사각형에서 다음을 구하시오.

01 $\overline{AC}$의 길이

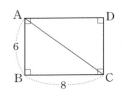

02 □ABCD의 넓이

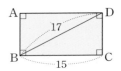

03 □ABCD의 대각선 BD를 한 변으로 하는 정사각형 BEFD의 넓이

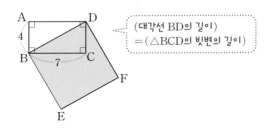

(대각선 BD의 길이)
=(△BCD의 빗변의 길이)

유형 2   이웃한 두 직각삼각형의 변의 길이 구하기

* 다음 그림에서 x의 값을 구하시오.

04

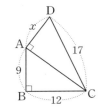

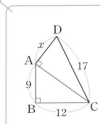

△ABC에서
$\overline{AC}^2 = 12^2 + \boxed{}^2 = \boxed{}$
∴ $\overline{AC} = \boxed{}$ (∵ $\overline{AC} > 0$)

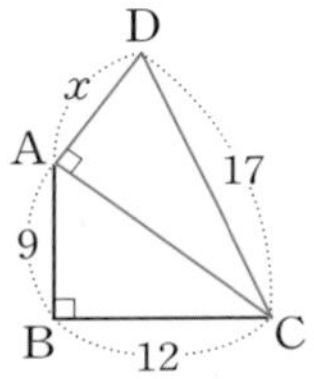

△ACD에서
$x^2 + \boxed{}^2 = 17^2$이므로
$x^2 = \boxed{}$
∴ $x = \boxed{}$ (∵ $x > 0$)

05

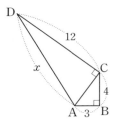

＊ 다음 그림의 □ABCD에서 x의 값을 구하시오.

06

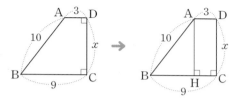

$\overline{AH}$를 그으면

$\overline{HC}=\overline{AD}=\boxed{}$이므로

$\overline{BH}=\overline{BC}-\overline{HC}=\boxed{}-\boxed{}=\boxed{}$

↓

$\triangle ABH$에서

$\overline{AH}^2+\boxed{}^2=10^2$이므로

$\overline{AH}^2=\boxed{}$　∴ $\overline{AH}=\boxed{}$ $(\because \overline{AH}>0)$

∴ $x=\overline{AH}=\boxed{}$

07

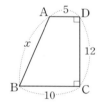

08

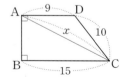

＊ 다음 그림의 □ABCD에서 x의 값을 구하시오.

09

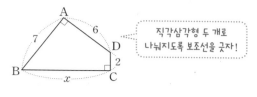

직각삼각형 두 개로 나눠지도록 보조선을 긋자!

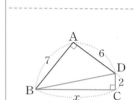

$\overline{BD}$를 그으면

$\triangle ABD$에서

$\overline{BD}^2=\boxed{}^2+6^2=\boxed{}$

↓

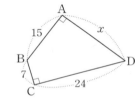

$\triangle BCD$에서

$\overline{BD}^2=x^2+\boxed{}^2=\boxed{}$

이므로 $x^2=\boxed{}$

∴ $x=\boxed{}$ $(\because x>0)$

10

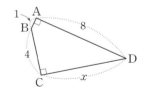

11

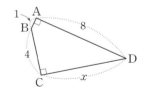

01 오른쪽 그림과 같은 직각삼각형 ABC에서
빗변 AB를 한 변으로 하는 정사각형 $AFGB$
의 넓이는 나머지 두 변 BC, CA를 각각 한
변으로 하는 두 정사각형 $BHIC$와 $ACDE$
의 넓이의 합과 같음을 보이시오.

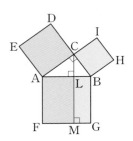

plan

· □$ACDE$와 □$AFML$의 넓이가 같음을 밝히면 된다.
· □$BHIC$와 □$LMGB$의 넓이가 같음을 밝히면 된다.

$\triangle EAB$와 $\triangle CAF$에서

$\overline{EA}=\overline{CA}$, $\overline{AB}=\overline{AF}$,

$\angle EAB=\angle CAF$

∴ $\triangle EAB \equiv \triangle CAF$ (⬚ 합동)

$\overline{EA} /\!/ \overline{DB}$, $\overline{AF} /\!/ \overline{CM}$이므로

$\triangle EAC=\triangle EAB$

$\quad\quad =\triangle CAF$

$\quad\quad =$ ⬚

즉, $\triangle EAC=\triangle LAF$이므로 □$ACDE=$ ⬚ ——❶

삼각형의 합동 조건을 이용하여 합동인 도형을 찾아본다.

평행한 두 직선 l, m에 대하여 $\triangle ABC$와 $\triangle ABD$는 $\overline{AB}$가 밑변이고 높이가 같으므로 $\triangle ABC=\triangle ABD$

$\triangle HBA$와 $\triangle CBG$에서

$\overline{HB}=\overline{CB}$, $\overline{BA}=\overline{BG}$,

$\angle HBA=\angle CBG$

∴ $\triangle HBA \equiv \triangle CBG$ (⬚ 합동)

$\overline{IA} /\!/ \overline{HB}$, $\overline{BG} /\!/ \overline{CM}$이므로

$\triangle HBC=\triangle HBA$

$\quad\quad =\triangle CBG$

$\quad\quad =$ ⬚

즉, $\triangle HBC=\triangle LBG$이므로 □$BHIC=$ ⬚ ——❷

---

❶, ❷에서

□$AFGB=$□$LMGB+$□$AFML$

$\quad\quad =$ ⬚ $+$□$ACDE$

∴ $\overline{AB}^2=$ ⬚

□$AFGB$의 넓이는 □$BHIC$와 □$ACDE$의 넓이의 합과 같다.

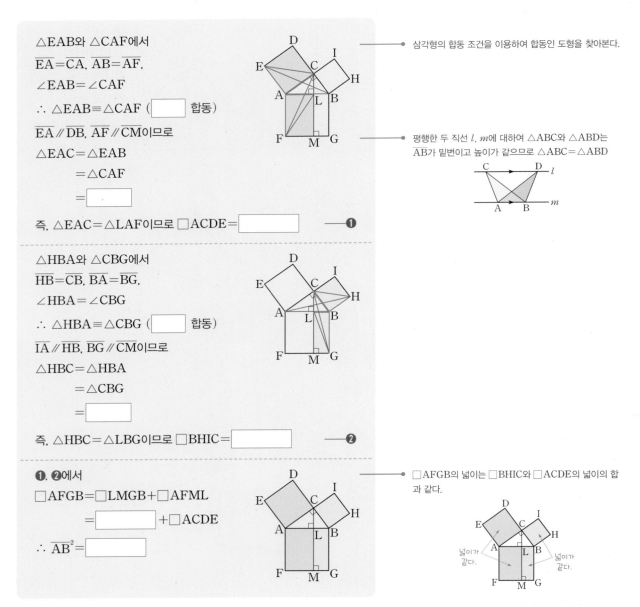

넓이가 같다. 넓이가 같다.

* 다음 그림은 직각삼각형 ABC의 각 변을 한 변으로 하는 세 정사각형을 그린 것이다. 두 정사각형의 넓이가 주어졌을 때, 색칠한 정사각형의 넓이를 구하시오.

02
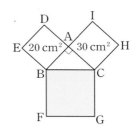

03
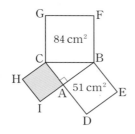

04
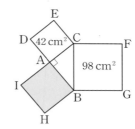

➡ □BFGC

= □ABED + □ACHI

= ☐ + ☐ = ☐ (cm²)

* 다음 그림은 직각삼각형 ABC의 각 변을 한 변으로 하는 세 정사각형을 그린 것이다. 두 정사각형의 넓이가 주어졌을 때, 색칠한 정사각형의 한 변의 길이를 구하시오.

05
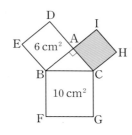

06
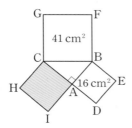

07
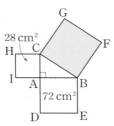

➡ □ACHI

= □BFGC − □ADEB

= ☐ − ☐ = ☐ (cm²)

따라서 □ACHI의 한 변의

길이는 ☐ cm이다.

* 다음 그림은 직각삼각형 ABC의 각 변을 한 변으로 하는 세 정사각형을 그린 것이다. 색칠한 부분의 넓이를 구하시오.

08
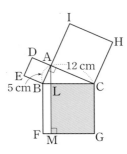

09
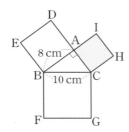

10
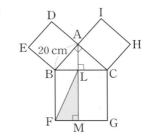

➡ □LMGC = □ACHI

= ☐ cm²

피타고라스 정리 이용 2

피타고라스의 방법

직각삼각형 ABC에서 두 변 AC, BC를 연장하여 한 변의 길이가
$a+b$인 정사각형 EFCD를 만들면

· $\triangle ABC \equiv \triangle GAD \equiv \triangle HGE \equiv \triangle BHF$ (SAS 합동)
· □HBAG는 한 변의 길이가 c인 정사각형

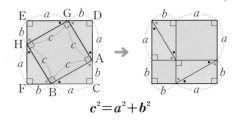

$$c^2 = a^2 + b^2$$

---

* 아래 그림에서 □ABCD는 정사각형이고 4개의 직각
삼각형은 모두 합동일 때, 다음을 구하시오.

01

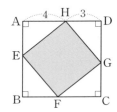

(1) □EFGH의 둘레의 길이

(2) □EFGH의 넓이

02

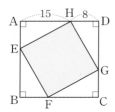

(1) □EFGH의 둘레의 길이

(2) □EFGH의 넓이

* 아래 그림에서 □ABCD는 정사각형이고 4개의 직각
삼각형은 모두 합동이다. □EFGH의 넓이가 다음과
같을 때, □ABCD의 넓이를 구하시오.

03 □EFGH=20

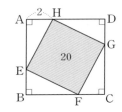

04 □EFGH=74

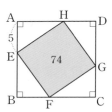

05 □EFGH=100

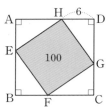

바스카라의 방법

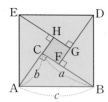

직각삼각형 ABC와 합동인 직각삼각형 4개를 붙여 정사각형 ABDE를 만들면

□CFGH는 한 변의 길이가 $a-b$인 정사각형이다.

가필드의 방법

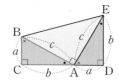

직각삼각형 ABC와 합동인 삼각형 EAD를 세 점 C, A, D가 일직선이 되도록 만들면

△BAE는 ∠BAE＝90°, $\overline{AB}=\overline{AE}$인 직각이등변삼각형이다.

---

* 아래 그림은 합동인 4개의 직각삼각형을 이용하여 정사각형을 만든 것이다. 다음을 구하시오.

06

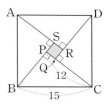

(1) $\overline{PQ}$의 길이

(2) □PQRS의 넓이

07

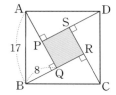

(1) $\overline{QR}$의 길이

(2) □PQRS의 넓이

* 아래 그림은 직각삼각형 ABC와 합동인 삼각형 EAD를 세 점 C, A, D가 일직선이 되도록 만든 것이다. 다음을 구하시오.

08

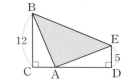

(1) $\overline{AB}$의 길이

(2) △ABE의 넓이

09

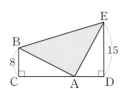

(1) $\overline{AB}$의 길이

(2) △ABE의 넓이

세 변의 길이가 각각 a, b, c인 삼각형 ABC에서 $a^2+b^2=c^2$이면 이 삼각형은 빗변의 길이가 c인 직각삼각형이다.

➡ △ABC에서 $a^2+b^2=c^2$이면 ∠C=90°이다.

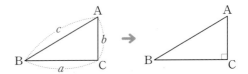

＊ 다음 그림과 같은 삼각형 중에서 직각삼각형인 것에는 ○표, 직각삼각형이 <u>아닌</u> 것에는 ×표를 하시오.

01

( )

02

( )

03

( )

04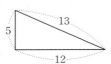

( )

＊ 세 변의 길이가 각각 다음과 같은 삼각형 중에서 직각삼각형인 것에는 ○표, 직각삼각형이 <u>아닌</u> 것에는 ×표를 하시오.

05 3 cm, 4 cm, 5 cm ( )

06 2 cm, 5 cm, 6 cm ( )

07 4 cm, 7 cm, 9 cm ( )

08 8 cm, 15 cm, 17 cm ( )

09 9 cm, 10 cm, 13 cm ( )

삼각형의 변의 길이와 각의 크기 사이의 관계

$\triangle ABC$에서 $\overline{AB}=c$, $\overline{BC}=a$, $\overline{CA}=b$이고 c가 가장 긴 변의 길이일 때

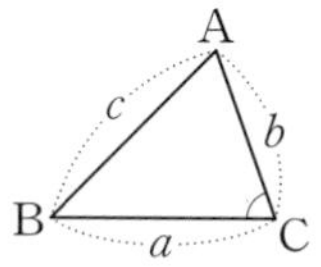

$c^2<a^2+b^2 \iff \angle C<90°$
➡ 예각삼각형

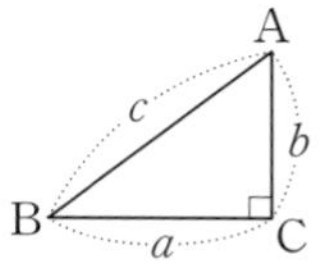

$c^2=a^2+b^2 \iff \angle C=90°$
➡ 직각삼각형

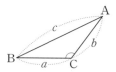

$c^2>a^2+b^2 \iff \angle C>90°$
➡ 둔각삼각형

---

* 세 변의 길이가 각각 다음과 같은 삼각형은 예각삼각형, 직각삼각형, 둔각삼각형 중 어떤 삼각형인지 말하시오.

10 3, 7, 9

➡ $9^2 \bigcirc 3^2+7^2$이므로 [ ]이다.

⌐ >, =, <

11 10, 12, 14

12 8, 9, 10

13 7, 5, 11

14 12, 20, 16

15 오른쪽 그림의 $\triangle ABC$가 예각삼각형이 되도록 하는 자연수 x의 값을 구하시오. (단, $x>8$)

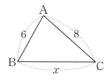

➡ x가 가장 긴 변의 길이이므로

[ ]$<x<6+8$, 즉 [ ]$<x<14$ ······ ㉠

예각삼각형이 되려면

$x^2 \bigcirc 6^2+8^2$ ∴ $x^2 \bigcirc 100$ ······ ㉡

㉠, ㉡에 의해 자연수 x의 값은 [ ]이다.

16 오른쪽 그림의 $\triangle ABC$가 둔각삼각형이 되도록 하는 자연수 x의 값을 구하시오. (단, $x>4$)

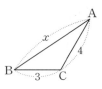

17 세 변의 길이가 각각 9, 12, x인 삼각형이 예각삼각형이 되도록 하는 자연수 x의 값을 모두 구하시오. (단, $x>12$)

피타고라스 정리를 이용한 도형의 성질

닮음을 이용한 직각삼각형의 성질

∠A＝90°인 직각삼각형 ABC에서 $\overline{AD} \perp \overline{BC}$일 때

・피타고라스 정리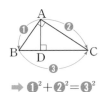

$\Rightarrow ❶^2 + ❷^2 = ❸^2$

・직각삼각형의 닮음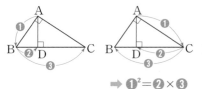

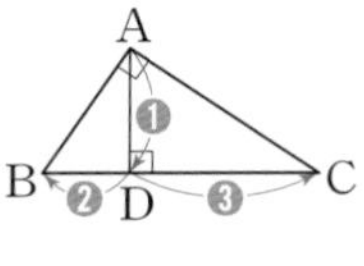

$\Rightarrow ❶^2 = ❷ \times ❸$

・직각삼각형의 넓이

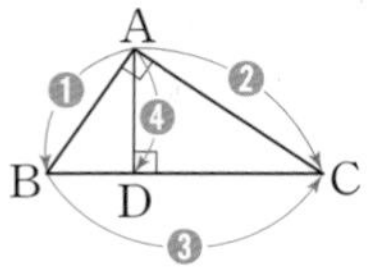

$\Rightarrow ❶ \times ❷ = ❸ \times ❹$

피타고라스 정리를 이용한 직각삼각형의 성질

∠A＝90°인 직각삼각형 ABC에서 두 점 D, E가 각각 $\overline{AB}$, $\overline{AC}$ 위에 있을 때

$\Rightarrow \overline{DE}^2 + \overline{BC}^2 = \overline{BE}^2 + \overline{CD}^2$

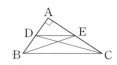

＊ 다음 그림에서 x, y의 값을 각각 구하시오.

01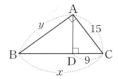

02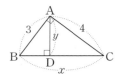

03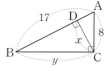

＊ 다음 그림과 같은 직각삼각형 ABC에서 x^2의 값을 구하시오.

04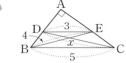

$\Rightarrow \overline{DE}^2 + \overline{BC}^2 = \overline{BE}^2 + \overline{CD}^2$이므로

$3^2 + \boxed{}^2 = \boxed{}^2 + x^2$ $\therefore$ $x^2 = \boxed{}$

05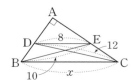

06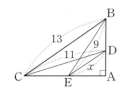

두 대각선이 직교하는 사각형의 성질

□ABCD에서 두 대각선이 직교할 때

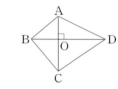

$$\Rightarrow \overline{AB}^2 + \overline{CD}^2 = \overline{AD}^2 + \overline{BC}^2$$

피타고라스 정리를 이용한 직사각형의 성질

직사각형 ABCD의 내부에 있는 임의의 점 P에 대하여

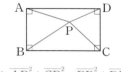

$$\Rightarrow \overline{AP}^2 + \overline{CP}^2 = \overline{BP}^2 + \overline{DP}^2$$

---

* **다음 그림과 같은 □ABCD에서 x^2의 값을 구하시오.**

07

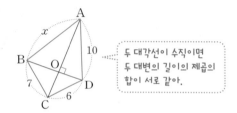

> 두 대각선이 수직이면
> 두 대변의 길이의 제곱의
> 합이 서로 같아.

$\Rightarrow \overline{AB}^2 + \overline{CD}^2 = \overline{AD}^2 + \overline{BC}^2$이므로

$$x^2 + \boxed{}^2 = \boxed{}^2 + 7^2 \qquad \therefore x^2 = \boxed{}$$

08

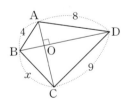

09

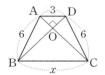

10

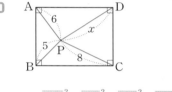

$\Rightarrow \overline{AP}^2 + \overline{CP}^2 = \overline{BP}^2 + \overline{DP}^2$이므로

$$6^2 + \boxed{}^2 = \boxed{}^2 + x^2 \qquad \therefore x^2 = \boxed{}$$

11

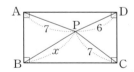

12

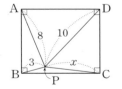

직각삼각형에서 세 반원 사이의 관계

직각삼각형 ABC에서 직각을 낀 두 변을 지름으로 하는 반원의 넓이를 각각 S_1, S_2, 빗변을 지름으로 하는 반원의 넓이를 S_3이라고 할 때

➡ $S_1 + S_2 = S_3$

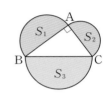

---

* 다음 그림은 직각삼각형 ABC의 세 변을 각각 지름으로 하는 세 반원을 그린 것이다. 색칠한 부분의 넓이를 구하시오.

01

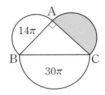

➡ (색칠한 부분의 넓이)

$= \boxed{} - 14\pi = \boxed{}$

02

03

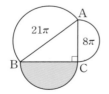

04

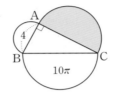

➡ 지름의 길이가 4인 반원의 넓이는

$\dfrac{1}{2} \times \pi \times \boxed{}^2 = \boxed{}$

∴ (색칠한 부분의 넓이)

$= 10\pi - \boxed{} = \boxed{}$

05

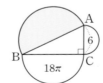

06

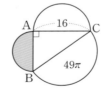

히포크라테스의 원의 넓이

스피드 정답 : 09쪽
친절한 풀이 : 35쪽

직각삼각형 ABC의 세 변을 각각 지름으로 하는 세 반원에서

➡ **(색칠한 부분의 넓이)**$=\triangle ABC=\dfrac{1}{2}bc$

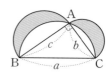

---

* 다음 그림은 직각삼각형 ABC의 세 변을 각각 지름으로 하는 세 반원을 그린 것이다. 색칠한 부분의 넓이를 구하시오.

07

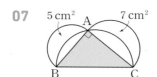

➡ (색칠한 부분의 넓이)

$=\boxed{}+7=\boxed{}$ (cm^2)

08

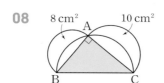

09

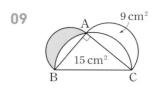

10

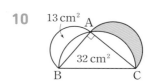

11

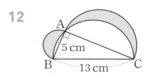

➡ $\overline{AB}^2+\boxed{}^2=5^2$이므로 $\overline{AB}^2=\boxed{}$

∴ $\overline{AB}=\boxed{}$ $(\because \overline{AB}>0)$

∴ (색칠한 부분의 넓이)

$=\triangle ABC=\dfrac{1}{2}\times 3\times\boxed{}=\boxed{}$ (cm^2)

12

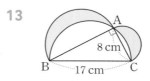

13

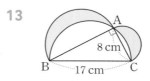

* 다음 그림에서 x의 값을 구하시오. (01~04)

01

02

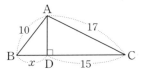

03

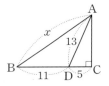

04

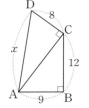

05 오른쪽 그림은 직각삼각형 ABC의 세 변을 각각 한 변으로 하는 세 정사각형을 그린 것이다. 색칠한 부분의 넓이를 구하시오.

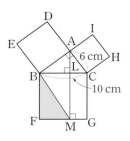

06 오른쪽 그림에서 □ABCD는 정사각형이고 4개의 직각삼각형은 모두 합동이다. □EFGH의 넓이가 289일 때, □ABCD의 넓이를 구하시오.

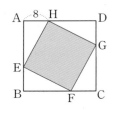

07 세 변의 길이가 각각 다음과 같은 삼각형 중에서 직각삼각형인 것은?

① 3 cm, 6 cm, 7 cm

② 3 cm, 7 cm, 9 cm

③ 6 cm, 8 cm, 10 cm

④ 8 cm, 9 cm, 12 cm

⑤ 8 cm, 14 cm, 17 cm

* 삼각형의 세 변의 길이가 각각 **보기**와 같을 때, 다음을 구하시오. (**08~09**)

보기
ㄱ 2, 3, 3   ㄴ 4, 8, 11
ㄷ 5, 9, 10   ㄹ 5, 12, 13
ㅁ 6, 8, 11   ㅂ 7, 9, 13

08 예각삼각형을 모두 고르시오.

09 둔각삼각형을 모두 고르시오.

10 세 변의 길이가 각각 8, 15, x인 삼각형이 둔각삼각형이 되도록 하는 자연수 x의 개수를 구하시오.
(단, $x > 15$)

11 다음 그림에서 x의 값을 구하시오.

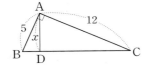

* 다음 그림에서 x^2의 값을 구하시오. (**12~13**)

12

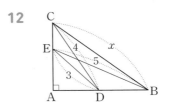

13

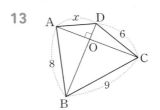

* 다음 그림은 직각삼각형 ABC의 세 변을 각각 지름으로 하는 세 반원을 그린 것이다. 색칠한 부분의 넓이를 구하시오. (**14~15**)

14

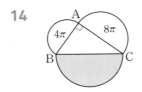

15

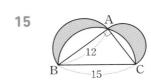

쉬어
가기

 피해가는 게임

∗ 게임 방법

① 💩 이 **있는** 칸은 지나갈 수 **없습니다.**
② 💩 이 **없는** 칸은 **반드시 지나가야** 합니다.
③ 한번 통과한 칸은 다시 지나갈 수 없습니다.
④ 가로와 세로 방향으로만 갈 수 있으며,
　대각선으로는 갈 수 없습니다.

예

출발

도착

답
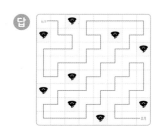

정답과 풀이

도형을 잡으면 수학이 완성된다!

기적의
중학도형

2권

길벗스쿨

정답과 풀이

| 스피드 정답 |　　　01~09쪽

각 문제의 정답만을 모아서 빠르게 정답을 확인할 수 있습니다.

| 친절한 풀이 |　　　10~36쪽

틀리기 쉽거나 헷갈리는 문제들의 풀이 과정을 친절하고 자세하게 실었습니다.

Chapter I 삼각형의 성질

ACT 01 014~015쪽			
01 8	05 35	09 8	13 6
02 5	06 20	10 90	14 5
03 70	07 115	11 40	
04 90	08 5	12 7	

ACT 02 016~017쪽			
01 $\overline{AC}$, $\overline{AD}$, $\angle CAD$, $\triangle ACD$ / $\angle ACD$	02 $\overline{AC}$, $\angle CAD$, SAS / $\overline{CD}$ / $\angle ADC$, 180°, 90°, ⊥	03 $\angle CAD$, $\angle C$, $\angle ADC$, $\overline{AD}$, $\triangle ACD$ / $\overline{AC}$	04 $\angle ACB$, $\angle DBC$, $\angle DCB$, $\angle ABC$, $\angle ACB$ / $\angle DCB$

ACT+ 03 018~019쪽			
01 40°, 70° / 70°, 70°, 110°	04 ABC, 36°, 36°, 72° / CAD, 72°, 72°, 108°	07 ACB, 56°, 62°, 62°, 59° / 62°, 31°, 31°, 59°, 28°	10 DBA, 56°, 56°, 56°, 68°
02 115°	05 120°	08 32°	11 40°
03 96°	06 35°	09 27°	12 67°

ACT 04 020~021쪽			
01 90°, $\overline{FD}$, $\angle FDE$, $\triangle FDE$, RHA	03 ○	07 $\triangle DEF \equiv \triangle LKJ$ (RHA 합동)	10 30
	04 ×		11 30
02 90°, $\overline{FD}$, $\overline{EF}$, $\triangle EFD$, RHS	05 ○	08 $\triangle ABC \equiv \triangle IGH$ (RHS 합동)	12 3
	06 ○		13 6
		09 $\triangle DEF \equiv \triangle HGI$ (RHA 합동)	

ACT 05 022~023쪽			
01 90°, $\overline{OP}$, BOP, RHA, 4	03 3	06 3	10 25°
	04 20	07 14	11 34°
02 90°, $\overline{OP}$, $\overline{PA}$, RHS, AOP, 35°	05 68	08 3	12 72°
		09 4	13 14°

ACT+ 06 024~025쪽			
01 90°, $\overline{CD}$, $\overline{FC}$, RHS / 70°, 55°	04 90°, $\overline{AE}$, $\overline{AC}$, RHS / 36°, 27°	07 90°, $\overline{CA}$, 90°, 90°, $\angle EAC$, RHA / 3, 5, 8	10 90°, $\overline{AD}$, $\angle CAD$, RHA / 5, 5, 30
02 24°	05 25°	08 15	11 28 cm²
03 80°	06 42°	09 4	12 9 cm²

ACT 07 028~029쪽			
01 ㉠, ㉣	05 ×	09 3	12 OBA, 40°, 40°, 80°, 80
02 ○	06 12	10 4	13 8
03 ×	07 40	11 10	14 25π cm²
04 ○	08 56		

ACT 08
030~031쪽

01	$\overrightarrow{PT}$	05	55°	08	ⓒ, ⓔ	12	42
02	점 T	06	50°	09	$\overline{EI}$, $\overline{FI}$	13	6
03	25°	07	108°	10	∠EBI	14	45
04	60°			11	△AFI		

ACT 09
032~033쪽

01	90°, 45°	04	55°, 110°	07	90°, 35°	10	62°, 121°
02	30°	05	58°	08	25°	11	80°
03	52°	06	84°	09	20°	12	32°

ACT 10
034~035쪽

01 84, 15, 4
02 60 cm²
03 36 cm
04 25 cm
05 6, 24, 24, 8, 6, 2
06 4π cm²
07 3
08 5
09 12

10

$\overline{AD}$, $\overline{BD}$, $8-x$, $\overline{FC}$, $12-x$, $8-x$, $12-x$, 7

11 1
12 3

ACT+ 11
036~037쪽

01 ∠CBI, ∠DIB, ∠DIB, $\overline{DB}$, $\overline{EC}$ / $\overline{DB}$, $\overline{EC}$, $\overline{AC}$, 6, 8, 14
02 11 cm
03 2 cm
04 9 cm
05 17 cm
06 BOC, 144°, 72° / 90°, 90°, 72°, 126°
07 115°
08 80°
09 A, 40°, 80°, $\overline{OC}$, 80°, 50° / 40°, 70°, ABC, 70°, 35° / OBC, 50°, 35°, 15°
10 54°
11 36°
12 18°

TEST 01
038~039쪽

01	③	04	⑤	08	54°	12	20 cm
02	㈎ ∠ACB ㈏ ∠ABC ㈐ ∠ACB ㈑ ∠DCB	05	66°	09	36π cm²	13	13 cm
		06	50°	10	32°	14	22 cm
03	40°	07	10	11	88°	15	124°

Chapter Ⅱ 사각형의 성질

ACT 12
044~045쪽

01 $\overline{BC}$	06 $x=5$, $y=8$	09 $\angle x=55°$, $\angle y=125°$	13 $x=5$, $y=6$
02 $\angle A$	07 $x=10$, $y=6$	10 $\angle x=130°$, $\angle y=50°$	14 $x=6$, $y=8$
03 ×	08 $x=5$, $y=4$	11 $\angle x=75°$, $\angle y=65°$	15 $x=7$, $y=3$
04 ×		12 $\angle x=45°$, $\angle y=55°$	16 $x=6$, $y=1$
05 ○			

ACT+ 13
046~047쪽

01 70°	05 180°, 2, 3, 180°, 3, 108°, B, 108°	08 $\angle$DAE, $\angle$BEA, 이등변삼각형 / D, 70°, 70°, 55°, 55°, 125°	11 AED, 52°, AED, 52°, 2, 52°, 104°
02 22°	06 100°	09 145°	12 70°
03 70°	07 60°	10 122°	13 53°
04 25°			

ACT+ 14
048~049쪽

01 $\angle$BEA, $\angle$BEA, 이등변삼각형 / 6, 8, 6, 2	04 $\angle$BEC, $\angle$BEC, 이등변삼각형 / 9, 9, 3	07 $\angle$FCE, $\overline{CE}$, $\angle$FEC, ASA / 8, 8, 8, 16	10 $\angle$AFB, $\angle$DEC, 이등변삼각형 / 6, 6, 6, 6, 8, 4
02 3	05 3	08 12	11 3
03 3	06 4	09 8	12 6

ACT 15
050~051쪽

01 $\overline{DC}$, $\overline{BC}$	06 ㉠ 두 쌍의 대변의 길이가 각각 같다. ㉢ 두 대각선이 서로 다른 것을 이등분한다. ㉣ 두 쌍의 대각의 크기가 각각 같다.	07 ○	13 4, 5
02 $\overline{DC}$, $\overline{BC}$		08 ×	14 65, 115
03 $\angle$C, $\angle$D		09 ○	15 10, 3
04 $\overline{OC}$, $\overline{OD}$		10 ×	16 10
05 $\overline{DC}$, $\overline{DC}$		11 ○	17 60, 7
		12 ○	

ACT+ 16
052~053쪽

01 //, $\overline{BC}$, $\overline{BF}$, 한 쌍의 대변이 평행하고 그 길이가 같으므로

02 $\angle$EDF, $\angle$EBF, 엇각, $\angle$DFC, $\angle$DFB, 두 쌍의 대각의 크기가 각각 같으므로

03 $\overline{AB}$, $\overline{CG}$, $\overline{BC}$, $\overline{CF}$, $\angle$C, SAS, $\overline{GF}$, △DHG, $\overline{GH}$, 두 쌍의 대변의 길이가 각각 같으므로

04 $\overline{OD}$, $\overline{OC}$, $\overline{OF}$, 두 대각선이 서로 다른 것을 이등분하므로

05 90°, $\overline{CD}$, $\angle$DCF, RHA, $\overline{DF}$, 90°, //, 한 쌍의 대변이 평행하고 그 길이가 같으므로

06 $\overline{GO}$, $\overline{HO}$, 두 대각선이 서로 다른 것을 이등분하므로

07 $\overline{FC}$, $\overline{FC}$, 평행사변형, $\overline{QC}$, $\overline{GC}$, $\overline{GC}$, 평행사변형, $\overline{AQ}$, 두 쌍의 대변이 각각 평행하므로

08 $\overline{EH}$, $\overline{HF}$, 두 쌍의 대변의 길이가 각각 같으므로

ACT 17
054~055쪽

01 26 cm²	04 8 cm²	07 12 cm²	09 15 cm²	12 19 cm²
02 26 cm²	05 16 cm²	08 48 cm²	10 15 cm²	13 12 cm²
03 13 cm²	06 32 cm²		11 8 cm²	14 14 cm²

ACT 18 058~059쪽			
01 ㉡, ㉢	06 $x=5, y=35$	09 ㉢, ㉣	14 $x=8, y=40$
02 8 cm	07 $x=12, y=60$	10 8 cm	15 $x=6, y=62$
03 4 cm	08 $x=14, y=67$	11 8 cm	16 $x=9, y=110$
04 40°		12 90°	
05 50°		13 30°	

ACT 19 060~061쪽			
01 ○	06 90	10 ○	15 6
02 ×	07 14	11 ×	16 90
03 ○	08 6	12 ○	17 55
04 ×	09 10	13 ×	18 42
05 ○		14 ○	

ACT 20 062~063쪽			
01 ㉡, ㉢, ㉣	06 $x=9, y=45$	10 7 cm	14 $x=9, y=55$
02 10 cm	07 $x=12, y=90$	11 12 cm	15 $x=10, y=75$
03 5 cm	08 $x=12, y=81$	12 70°	16 $x=9, y=36$
04 90°	09 ㉠, ㉡	13 110°	
05 45°			

ACT 21 064~065쪽					
01 ○	06 ×	11 5	15 마름모	20 정사각형
02 ×	07 ○	12 90	16 직사각형	21 정사각형
03 ○	08 ×	13 8	17 마름모	
04 ○	09 ×	14 45	18 직사각형	
05 ×	10 ○		19 마름모	

ACT 22 066~067쪽			
01 ① $\overline{AB} /\!/ \overline{DC}$ ② $\overline{AC}=\overline{BD}$ ③ $\overline{AC}\perp\overline{BD}$ ④ $\overline{AC}\perp\overline{BD}$ ⑤ 90°	03 ○	07 ㉢, ㉣, ㉥	11 ×
	04 ×	08 ㉡, ㉢, ㉣, ㉤	12 ○
	05 ○	09 ㉣, ㉤	13 ×
02 (왼쪽 위부터) ○, ○, ○, ○ / ○, ○, ○, ○ / ×, ×, ○, ○	06 ×	10 ㉤	14 ○
			15 ○

ACT+ 23 068~069쪽			
01 $\overline{CP}$, $\overline{DC}$, DCP, 45°, SAS, PBC, 30° / 30°, 45°, 75°	03 $\overline{BC}$, ∠BCF, 90°, SAS, x / 90°, 115°, 25°	05 60°, 정삼각형, 9 / 평행사변형, 6, 9, 6, 15	08 90°, $\overline{DC}$, ∠C, RHA / 6, 6, 4
		06 11	09 2
02 85°	04 35°	07 6	10 13

ACT 24 070~071쪽			
01 △DBC	06 15 cm²	09 ACE, 10, 18, 28	13 ACE, ABE, 10, 6, 8, 64
02 △ACD	07 17 cm²	10 20 cm²	14 20 cm²
03 △DCO	08 9 cm²	11 10 cm²	15 49 cm²
04 △ACD		12 23 cm²	16 25 cm²
05 △ABE			

ACT 25 072~073쪽	01 $3, 2, \dfrac{2}{5}, 12$ / $1, 3, \dfrac{3}{4}, 9$ 02 $10\ cm^2$	03 $10\ cm^2$ 04 $18\ cm^2$ 05 $20\ cm^2$	06 $2, 1, 2, 1, 6$ / ABO, 6, 2, 6, 2, 12 / 6, 6, 12, 27 07 $50\ cm^2$	08 $15\ cm^2$ 09 $27\ cm^2$ 10 $14\ cm^2$ 11 $16\ cm^2$
TEST 02 074~075쪽	01 $x=12, y=80$ 02 $45°$ 03 4 04 10	05 (1) $x=35, y=55$ (2) $x=6, y=5$ 06 ②, ⑤ 07 평행사변형 08 $10\ cm^2$	09 ③, ⑤ 10 ③ 11 $6\ cm$ 12 정사각형	13 ③, ④ 14 $8\ cm^2$ 15 $\dfrac{35}{2}\ cm^2$

Chapter Ⅲ 도형의 닮음

ACT 26 080~081쪽	01 $\overline{EF}$ 02 $\angle C$ 03 모서리 FH 04 면 EFH	05 ○ 06 × 07 ○ 08 × 09 ○	10 $10, 5$ 11 $5, 3, 5, 5$ 12 $F, 60°$ 13 $60°, 30°$	14 $2:3$ 15 $6\ cm$ 16 $3\ cm$ 17 면 A′E′F′B′
ACT 27 082~083쪽	01 $2:3$ 02 $2:3$ 03 $3:5$ 04 $9:25$	05 $2:5$ 06 $4:25$ 07 $2:3$ 08 $4:9$	09 $3:4$ 10 $9:16$ 11 $9, 16, 48, 48$ 12 $2:3$ 13 $2:3$ 14 $16\ cm$	15 $1:2$ 16 $9\pi\ cm$ 17 $3:5$ 18 $9:25$ 19 $75\pi\ cm^2$

ACT 28 084~085쪽	01 $2:3$ 02 $4:9$ 03 $2:3$ 04 $8:27$	05 $9:25$ 06 $27:125$ 07 $4:25$ 08 $8:125$	09 $5:3$ 10 $25:9$ 11 $36\ cm^2$	12 $3:4$ 13 $3:4$ 14 $27:64$ 15 $81\pi\ cm^3$	16 $4:1$ 17 $16\pi\ cm^2$ 18 $27:1$ 19 $4\pi\ cm^3$

ACT 29 086~087쪽	01 $6, 2, 3, 6, 2, 3,$ $\triangle DFE$, SSS 02 $8, 2, 1, \angle F,$ $\triangle EFD$, SAS 03 $40°, 60°, 80°, \angle D,$ $\angle F, \triangle EDF$, AA	04 $\triangle JKL{\backsim}\triangle ONM$ (SAS 닮음) 05 $\triangle ABC{\backsim}\triangle PRQ$ (SSS 닮음) 06 $\triangle DEF{\backsim}\triangle TUS$ (AA 닮음)	07 $\triangle GHI{\backsim}\triangle VXW$ (SAS 닮음) 08 ○ 09 ○ 10 ×	11 $\triangle ABC{\backsim}\triangle ACD$ (SSS 닮음) 12 $\triangle ABC{\backsim}\triangle ADE$ (SAS 닮음) 13 $\triangle ABC{\backsim}\triangle AED$ (AA 닮음)

ACT+ 30 088~089쪽	01	D, 6 / 3, 2, B, △DBA, SAS / 3, 2, 3, 2, 6	04	E, D / A, AED, △AED, AA / 2, 1, 2, 1, 5	07	△ADE, A, ABC, △ADE, AA / 10, 5, 3, 5, 3, 25, 9, 25, 9, 18 / 18, 32	09	36 cm²
							10	35 cm²
							11	20 cm²
							12	20 cm²
	02	12	05	6				
	03	12	06	3	08	12 cm²		

ACT 31 090~091쪽	01	∠B, ∠BHA, △HBA, AA	03	90°, ∠HCA, ∠HCA, △HAC, AA	04	6	07	$\frac{32}{5}$
					05	9	08	3
	02	∠C, ∠BAC, △HAC, AA			06	$\frac{24}{5}$	09	$\frac{40}{3}$

ACT 32 092~093쪽	01	(위부터) 1, 10 / 1, 1000 / 1000	04	2 km	06	72 m
	02	500, 1000 / 50000, 1000 / 50	05	8 cm	07	8.5 m
	03	4, 1000 / 4, 1000 / 4000 / 40			08	150 m
					09	12.8 m

ACT+ 33 094~095쪽	01	AA / $\overline{AC}$, $\overline{AE}$, 8, 4, $\frac{8}{3}$	04	16	08	∠D, ∠AFB, 90°, ∠DFE, △DFE, AA / $\overline{BF}$, 15, 3, 3, 15, 5	11	∠C, ∠BED, 120°, ∠CEF, △CEF, AA / $\overline{EF}$, 7, 7, 5, 5, 7, $\frac{28}{5}$
			05	10				
			06	5				
	02	$\frac{25}{6}$	07	$\frac{7}{3}$	09	4	12	$\frac{35}{4}$
					10	15		
	03	20					13	21

TEST 03 096~097쪽	01	②, ③	04	12	07	②	10	$\frac{18}{5}$	13	④
	02	④	05	27 cm	08	12	11	12 cm	14	11
	03	98	06	324π cm³	09	9	12	6 cm	15	20 cm

ACT 34 100~101쪽	01	∠AED, AA, $\overline{EF}$, $\overline{EF}$	04	8	08	×
	02	12, 8, 6	05	3	09	○
	03	4	06	9	10	×
			07	8	11	○

ACT 35 102~103쪽	01	6, 6, 4	04	6	07	12, 8, 4	10	8
	02	10	05	9	08	9	11	4
	03	6	06	4	09	6	12	10

ACT 36 104~105쪽	01	6, 6, 9	04	8, 10, $\frac{15}{2}$	07	(1) 4 (2) 9	09	7
	02	8	05	10	08	(1) 4 (2) 14	10	12
	03	9	06	$\frac{20}{3}$			11	13

ACT 37 106~107쪽	01 (1) 4 (2) 4 (3) 8 02 (1) 4 (2) $\frac{8}{3}$ (3) $\frac{20}{3}$	03 7 04 11 05 13	06 (1) 2 : 3 (2) 2 : 5 (3) $\frac{12}{5}$ (4) $\frac{16}{5}$ 07 (1) 2 : 1 (2) 2 : 3 (3) $\frac{10}{3}$ (4) 6	08 $\frac{24}{5}$ 09 $\frac{20}{3}$ 10 6

ACT 38 108~109쪽	01 10 02 6 03 60	04 6 05 8 06 8	07 11 08 3 09 2, 8, $\frac{1}{2}$, 4 10 1	11 9 12 6 13 2 14 3

ACT 39 110~111쪽	01 (1) 6 (2) 4 (3) 10 02 (1) 5 (2) 3 (3) 8	03 7 04 8 05 12	06 (1) $\frac{9}{2}$ (2) $\frac{15}{2}$ (3) 3 07 (1) 3 (2) 4 (3) 1	08 $\frac{3}{2}$ 09 12 10 12

ACT+ 40 112~113쪽	01 $\frac{1}{2}$, $\frac{1}{2}$, 4, $\overline{BC}$, 16, 8, $\overline{AC}$, 12, 6 / 4, 8, 6, 18	02 17 03 11 04 13 05 12	06 ❶ $\frac{1}{2}$, $\frac{1}{2}$, 8 ❷ $\frac{1}{2}$, $\frac{1}{2}$, 8 ❸ $\overline{BD}$, 12, 6 ❹ $\overline{BD}$, 12, 6 / 6, 28	07 24 08 18 09 16 10 21

ACT+ 41 114~115쪽	01 //, 2, 2, 16 / $\frac{1}{2}$, $\frac{1}{2}$, 4 / 16, 4, 12 02 7	03 15 04 6 05 18 06 9	07 2, 2, 8 / ∠EDC, ∠CED, $\overline{ED}$, ASA, 4 / 8, 4, 12 08 9	09 10 10 6 11 3 12 10

ACT 42 118~119쪽	01 12 cm² 02 6 cm² 03 4 cm²	04 9 cm² 05 18 cm² 06 3 cm²	07 6 08 $\frac{9}{2}$ 09 12	10 $x=4$, $y=15$ 11 $x=7$, $y=5$ 12 $x=6$, $y=4$

ACT 43 120~121쪽	01 8 cm² 02 4 cm² 03 4 cm²	04 8 cm² 05 8 cm² 06 12 cm²	07 6 cm² 08 3 cm² 09 6 cm² 10 18 cm²	11 3 cm² 12 12 cm² 13 6 cm² 14 $\frac{3}{2}$ cm²

ACT+ 44 122~123쪽	01 $\frac{1}{3}$, $\frac{1}{3}$, 6 / $\frac{2}{3}$, $\frac{2}{3}$, 6, 4 02 27	03 $\frac{16}{3}$ 04 18 05 18 06 2 cm²	07 $\overline{EC}$, $\overline{EF}$, 6, 12 / $\frac{2}{3}$, $\frac{2}{3}$, 12, 8 08 6 09 3	10 3, 4, 3, 6 11 4 12 4

<table>
<tr><td rowspan="2">ACT+ 45
124~125쪽</td><td>01 무게중심, $\overline{OQ}$,
$\frac{1}{3}$, $\frac{1}{3}$, $\overline{BD}$,
12, 4</td><td>02 6
03 12
04 30
05 18</td><td>06 △ABC, $\frac{1}{6}$, $\frac{1}{6}$, $\frac{1}{2}$,
$\frac{1}{12}$, $\frac{1}{12}$, 48, 4 /
△ACD, 4, 4, 16</td><td>07 8 cm²
08 4 cm²
09 8 cm²
10 8 cm²</td></tr>
</table>

<table>
<tr><td>TEST 04
126~127쪽</td><td>01 20
02 30
03 ④</td><td>04 4 cm
05 4 cm
06 6
07 3 cm</td><td>08 12 cm
09 16 cm
10 12 cm
11 8 cm²</td><td>12 12
13 36 cm²
14 $\frac{8}{3}$ cm
15 24 cm</td></tr>
</table>

Chapter Ⅳ 피타고라스 정리

<table>
<tr><td>ACT 46
132~133쪽</td><td>01

02 </td><td>03 4, 25, 5
04 15
05 8
06 8
07 12
08 9</td><td>09 5, 144, 12 /
12, 400, 20
10 $x=8$, $y=10$
11 $x=12$, $y=13$
12 17, 64, 8 /
8, 625, 25
13 $x=12$, $y=15$
14 $x=8$, $y=17$</td></tr>
</table>

<table>
<tr><td>ACT+ 47
134~135쪽</td><td>01 10
02 120
03 65</td><td>04 9, 225, 15 /
15, 64, 8
05 13</td><td>06 3, 9, 3, 6 /
6, 64, 8, 8
07 13
08 17</td><td>09 7, 85 /
2, 85, 81, 9
10 20
11 7</td></tr>
</table>

<table>
<tr><td>ACT 48
136~137쪽</td><td>01 SAS, △LAF, ☐AFML /
SAS, △LBG, ☐LMGB /
☐BHIC, $\overline{BC}^2+\overline{CA}^2$</td><td>02 20, 30, 50
03 33 cm²
04 56 cm²</td><td>05 10, 6, 4, 2
06 5 cm
07 10 cm</td><td>08 144
09 36 cm²
10 200 cm²</td></tr>
</table>

<table>
<tr><td>ACT 49
138~139쪽</td><td>01 (1) 20 (2) 25
02 (1) 68 (2) 289</td><td>03 36
04 144
05 196</td><td>06 (1) 3 (2) 9
07 (1) 7 (2) 49</td><td>08 (1) 13 (2) $\frac{169}{2}$
09 (1) 17 (2) $\frac{289}{2}$</td></tr>
</table>

ACT 50 140~141쪽			
01 ×	05 ○	10 >, 둔각삼각형	15 8, 8, <, <, 9
02 ○	06 ×	11 예각삼각형	16 6
03 ×	07 ×	12 예각삼각형	17 13, 14
04 ○	08 ○	13 둔각삼각형	
	09 ×	14 직각삼각형	

ACT 51 142~143쪽			
01 $x=25,\ y=20$	04 5, 4, 18	07 6, 10, 113	10 8, 5, 75
02 $x=5,\ y=\dfrac{12}{5}$	05 180	08 33	11 62
03 $x=\dfrac{120}{17},\ y=15$	06 33	09 63	12 45

ACT 52 144~145쪽			
01 $30\pi,\ 16\pi$	04 $2,\ 2\pi,\ 2\pi,\ 8\pi$	07 5, 12	11 3, 16, 4, 4, 6
02 43π	05 $\dfrac{45}{2}\pi$	08 18 cm²	12 30 cm²
03 13π	06 17π	09 6 cm²	13 60 cm²
		10 19 cm²	

TEST 05 146~147쪽			
01 12	05 32 cm²	08 ㉠, ㉢	12 32
02 6	06 529	09 ㉡, ㉤, ㉥	13 19
03 20	07 ③	10 5개	14 12π
04 17		11 $\dfrac{60}{13}$	15 54

Chapter I 삼각형의 성질

ACT 01 014~015쪽

04 $\angle B = 180° - 2 \times 45° = 90°$
$\therefore x = 90$

05 $\angle C = \dfrac{1}{2} \times (180° - 110°) = 35°$
$\therefore x = 35$

06 $\angle ACB = 180° - 100° = 80°$
$\angle A = 180° - 2 \times 80° = 20°$
$\therefore x = 20$

07 $\angle BAC = \dfrac{1}{2} \times (180° - 50°) = 65°$
$x° = 180° - 65° = 115°$
$\therefore x = 115$

08 $\overline{DC} = \dfrac{1}{2} \overline{BC} = \dfrac{1}{2} \times 10 = 5 \ (cm)$
$\therefore x = 5$

09 $\overline{BC} = 2\overline{BD} = 2 \times 4 = 8 \ (cm)$
$\therefore x = 8$

11 $\angle BDA = 90°$이므로
$\angle BAD = 180° - (50° + 90°) = 40°$
$\therefore x = 40$

13 $\angle B = 180° - (40° + 100°) = 40°$
따라서 △ABC는 $\overline{CA} = \overline{CB}$인 이등변삼각형이다.
$\therefore x = 6$

14 $\angle BAC = 60° - 30° = 30°$
따라서 △ABC는 $\overline{BA} = \overline{BC}$인 이등변삼각형이다.
$\therefore x = 5$

ACT+ 03 018~019쪽

02 $\angle C = \dfrac{1}{2} \times (180° - 50°) = 65°$
$\angle BDC = \angle BCD = 65°$
$\therefore \angle x = 180° - 65° = 115°$

03 $\angle B = \dfrac{1}{2} \times (180° - 52°) = 64°$이고
$\angle ABD = \dfrac{1}{2} \times 64° = 32°$이므로 $\angle x = 180° - (52° + 32°) = 96°$

05

$\angle ACB = \angle ABC = 40°$
△ABC에서 $\angle DAC = 40° + 40° = 80°$
$\angle CDA = \angle CAD = 80°$이므로
△DBC에서 $\angle x = 40° + 80° = 120°$

06

$\angle DBC = \angle DCB = \angle x$
△DBC에서 $\angle ADB = \angle x + \angle x = 2\angle x$
$\angle BAD = \angle BDA = 2\angle x$이므로
△ABC에서 $\angle x + 2\angle x = 105°$
$3\angle x = 105°$ $\therefore \angle x = 35°$

08

$\angle ABC = \angle ACB = \dfrac{1}{2} \times (180° - 64°) = 58°$
$\angle DBC = \dfrac{1}{2} \times 58° = 29°$
$\angle DCE = \dfrac{1}{2} \angle ACE = \dfrac{1}{2} \times (180° - 58°) = 61°$
△DBC에서 $29° + \angle x = 61°$
$\therefore \angle x = 61° - 29° = 32°$

09

$\angle ACB = \dfrac{1}{2} \times (180° - 36°) = 72°$
$\angle ACD = \dfrac{1}{2} \angle ACE = \dfrac{1}{2} \times (180° - 72°) = 54°$
△DBC에서 $\angle BCD = 72° + 54° = 126°$
$\therefore \angle x = \dfrac{1}{2} \times (180° - 126°) = 27°$

11 ∠DBC=∠DBA=70° (접은 각)
$\overline{AD} /\!/ \overline{BC}$이므로
∠ADB=∠DBC=70° (엇각)
△ABD에서 ∠x=180°−2×70°=40°

12 ∠BAC=∠x (접은 각)
$\overline{AD} /\!/ \overline{BC}$이므로 ∠ABC=∠$x$ (엇각)
△ABC에서 ∠x=$\frac{1}{2}$×(180°−46°)=67°

> **다른 풀이**
> ∠BAC=∠x (접은 각)
> $\overline{AD} /\!/ \overline{BC}$이므로 ∠DAC=46°
> 2∠x+46°=180°   ∴ ∠x=67°

ACT 04   020~021쪽

03 △ABC≡△DEF (RHS 합동)

05 △ABC≡△DEF (RHA 합동)

06 △ABC≡△DEF (ASA 합동)

07 △DEF에서 ∠FDE=180°−(90°+25°)=65°
△DEF와 △LKJ에서
∠E=∠K=90°,
$\overline{DF}=\overline{LJ}$, ∠FDE=∠JLK
∴ △DEF≡△LKJ (RHA 합동)

08 △ABC와 △IGH에서
∠A=∠I=90°,
$\overline{BC}=\overline{GH}$, $\overline{AB}=\overline{IG}$
∴ △ABC≡△IGH (RHS 합동)

09 △DEF에서 ∠EDF=180°−(90°+30°)=60°
△DEF와 △HGI에서
∠F=∠I=90°,
$\overline{DE}=\overline{HG}$, ∠EDF=∠GHI
∴ △DEF≡△HGI (RHA 합동)

10 △ABC와 △DEF에서
∠B=∠E=90°,
$\overline{AC}=\overline{DF}$, $\overline{AB}=\overline{DE}$
따라서 △ABC≡△DEF (RHS 합동)이므로
∠C=∠F=30°   ∴ x=30

11 △ABC와 △DFE에서
∠B=∠F=90°, $\overline{AC}=\overline{DE}$, $\overline{BC}=\overline{FE}$
따라서 △ABC≡△DFE (RHS 합동)이므로
∠E=∠C=60°
△DEF에서 ∠D=180°−(90°+60°)=30°
∴ x=30

12 △ABC에서 ∠A=180°−(90°+30°)=60°
△ABC와 △DFE에서
∠C=∠E=90°
$\overline{AB}=\overline{DF}$, ∠BAC=∠FDE
따라서 △ABC≡△DFE (RHA 합동)이므로
$\overline{AC}=\overline{DE}$=3 cm   ∴ x=3

13 △ABC에서 ∠A=180°−(90°+30°)=60°
△ABC와 △EDF에서
∠C=∠F=90°, $\overline{AB}=\overline{ED}$, ∠BAC=∠DEF
따라서 △ABC≡△EDF (RHA 합동)이므로
$\overline{EF}=\overline{AC}$=6 cm   ∴ x=6

ACT 05   022~023쪽

03 △ABD≡△CBD (RHA 합동)이므로
$\overline{CD}=\overline{AD}$=3 cm   ∴ x=3

> **다른 풀이**
> 각의 이등분선 위의 한 점에서 그 각의
> 두 변까지의 거리는 같으므로
> $\overline{CD}=\overline{AD}$=3 cm   ∴ x=3

04 △ABD에서 ∠ABD=180°−(90°+70°)=20°
△ABD≡△CBD (RHS 합동)이므로
∠DBC=∠DBA=20°   ∴ x=20

> **다른 풀이**
> 각의 두 변에서 같은 거리에 있는 점은
> 그 각의 이등분선 위에 있으므로
> ∠DBC=∠DBA=20°   ∴ x=20

05 △ABD≡△CBD (RHS 합동)이므로
∠ABD=$\frac{1}{2}$×44°=22°
△ABD에서 ∠ADB=180°−(90°+22°)=68°
∴ x=68

06 △DBE≡△CBE (RHA 합동)이므로
x=$\overline{EC}$=3

07 △DBE≡△CBE (RHA 합동)이므로
$\overline{BD}=\overline{BC}$=10
∴ x=$\overline{BD}+\overline{DA}$=10+4=14

08 △ADE≡△ACE (RHA 합동)이므로
$\overline{AD}=\overline{AC}=5$
∴ $x=\overline{AB}-\overline{AD}=8-5=3$

09 △DBE≡△CBE (RHA 합동)이므로
$\overline{BD}=\overline{BC}=6$
∴ $x=\overline{AB}-\overline{BD}=10-6=4$

10 △DBE≡△CBE (RHS 합동)이므로
$\angle x=\angle EBC=\dfrac{1}{2}\angle ABC$
$=\dfrac{1}{2}\{180°-(90°+40°)\}=25°$

11 △DBE≡△CBE (RHS 합동)이므로
$\angle EBC=\angle EBD=28°$
∴ $\angle ABC=28°+28°=56°$
∴ $\angle x=180°-(90°+56°)=34°$

12 △ABD≡△AED (RHS 합동)이므로
$\angle BAD=\angle EAD=\dfrac{1}{2}\angle BAC$
$=\dfrac{1}{2}\{180°-(90°+54°)\}=18°$
∴ $\angle x=180°-(90°+18°)=72°$

13 △ABD≡△AED (RHS 합동)이므로
$\angle DAE=\angle DAB=38°$
∴ $\angle BAC=38°+38°=76°$
∴ $\angle x=180°-(90°+76°)=14°$

ACT+ 06   024~025쪽

02 △EBD≡△FCD (RHS 합동)이므로
$\angle B=\dfrac{1}{2}\times(180°-48°)=66°$
∴ $\angle x=180°-(90°+66°)=24°$

03 △EBD≡△FCD (RHS 합동)이므로
$\angle C=\angle B=50°$
∴ $\angle x=180°-2\times50°=80°$

05 △ABE≡△DBE (RHS 합동)이므로
$\angle x=\dfrac{1}{2}\angle ABD=\dfrac{1}{2}\times\{180°-(90°+40°)\}=25°$

06 △ABD≡△AED (RHS 합동)이므로
$\angle DAE=\angle DAB=24°$
∴ $\angle BAC=24°+24°=48°$
∴ $\angle x=180°-(90°+48°)=42°$

08 △ADB≡△BEC (RHA 합동)이므로
$\overline{DB}=\overline{EC}=8$, $\overline{BE}=\overline{AD}=7$
∴ $x=\overline{DB}+\overline{BE}=8+7=15$

09 △DBA≡△EAC (RHA 합동)이므로
$\overline{DA}=\overline{EC}=x$, $\overline{AE}=\overline{BD}=6$
∴ $x=\overline{DA}=\overline{DE}-\overline{AE}=10-6=4$

11 △ADE≡△ADC (RHA 합동)이므로
$\overline{DE}=\overline{DC}=4$ cm
∴ △ABD$=\dfrac{1}{2}\times14\times4=28$ (cm²)

12

점 D에서 $\overline{AC}$에 내린 수선의 발을 E라고 하면
△ABD≡△AED (RHA 합동)이므로
$\overline{DE}=\overline{DB}=2$ cm
∴ △ADC$=\dfrac{1}{2}\times9\times2=9$ (cm²)

ACT 07   028~029쪽

04 △OBC에서 $\overline{OB}=\overline{OC}$이므로
$\angle OBE=\angle OCE$

06 $\overline{OD}$는 $\overline{AC}$의 수직이등분선이므로
$\overline{CD}=\overline{AD}=6$ cm
따라서 $\overline{AC}=6+6=12$ (cm)이므로 $x=12$

07 $\overline{OA}=\overline{OB}$이므로
$\angle ABO=\dfrac{1}{2}\times(180°-100°)=40°$
∴ $x=40$

08

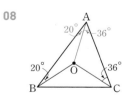

$\overline{OA}$를 그으면 $\overline{OA}=\overline{OB}$이므로
$\angle OAB=\angle OBA=20°$
또한 $\overline{OA}=\overline{OC}$이므로
$\angle OAC=\angle OCA=36°$
따라서 $\angle BAC=20°+36°=56°$이므로 $x=56$

10 $\overline{\text{OA}}=\overline{\text{OB}}=\overline{\text{OC}}$이므로

$\overline{\text{OC}}=\dfrac{1}{2}\times8=4\,(\text{cm})$ $\therefore\ x=4$

11 $\overline{\text{OA}}=\overline{\text{OB}}=\overline{\text{OC}}$이므로

$\overline{\text{BC}}=2\times5=10\,(\text{cm})$ $\therefore\ x=10$

13

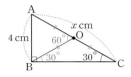

$\overline{\text{OA}}=\overline{\text{OB}}=\overline{\text{OC}}$이고 $\triangle\text{OAB}$가 정삼각형이므로

$\overline{\text{AC}}=2\times4=8\,(\text{cm})$

$\therefore\ x=8$

14 외접원의 반지름의 길이는

$\dfrac{1}{2}\overline{\text{AB}}=\dfrac{1}{2}\times10=5\,(\text{cm})$

$\therefore$ (외접원의 넓이)$=\pi\times5^2=25\pi\,(\text{cm}^2)$

03 $\angle\text{PAO}=90°$이므로

$\angle x=180°-(90°+65°)=25°$

04 $\angle\text{PAO}=90°$이므로

$\angle x=180°-(90°+30°)=60°$

05 $\triangle\text{OAQ}$에서 $\overline{\text{OA}}=\overline{\text{OQ}}$이므로

$\angle\text{OAQ}=\angle\text{OQA}=35°$

$\angle\text{OAP}=90°$이므로

$\angle x=90°-35°=55°$

06 $\angle\text{PAO}=\angle\text{PBO}=90°$이므로

$\angle x=360°-(90°+90°+130°)=50°$

07 $\angle\text{PAO}=\angle\text{PBO}=90°$이므로

$\angle x=360°-(90°+90°+72°)=108°$

11 $\triangle\text{ADI}$와 $\triangle\text{AFI}$에서

$\angle\text{ADI}=\angle\text{AFI}=90°$

$\overline{\text{AI}}$는 공통, $\angle\text{DAI}=\angle\text{FAI}$

$\therefore\ \triangle\text{ADI}\equiv\triangle\text{AFI}$ (RHA 합동)

13 $\triangle\text{IEC}\equiv\triangle\text{IFC}$ (RHA 합동)이므로

$\overline{\text{EC}}=\overline{\text{FC}}=6\,\text{cm}$ $\therefore\ x=6$

14 $\triangle\text{AIC}$에서

$\angle\text{IAC}=180°-(110°+25°)=45°$

$\angle\text{BAI}=\angle\text{CAI}=45°$ $\therefore\ x=45$

02 $24°+\angle x+36°=90°$

$\therefore\ \angle x=90°-(24°+36°)=30°$

03

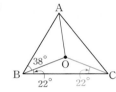

$\overline{\text{OC}}$를 그으면 $\overline{\text{OB}}=\overline{\text{OC}}$이므로

$\angle\text{OCB}=\angle\text{OBC}=22°$

$38°+22°+\angle\text{OCA}=90°$이므로

$\angle\text{OCA}=90°-(38°+22°)=30°$

$\therefore\ \angle x=22°+30°=52°$

05 $\triangle\text{OBC}$에서 $\overline{\text{OB}}=\overline{\text{OC}}$이므로

$\angle\text{BOC}=180°-2\times32°=116°$

$\therefore\ \angle x=\dfrac{1}{2}\angle\text{BOC}=\dfrac{1}{2}\times116°=58°$

06

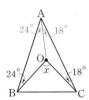

$\overline{\text{OA}}$를 그으면

$\overline{\text{OA}}=\overline{\text{OB}}$이므로 $\angle\text{OAB}=\angle\text{OBA}=24°$

$\overline{\text{OA}}=\overline{\text{OC}}$이므로 $\angle\text{OAC}=\angle\text{OCA}=18°$

$\therefore\ \angle\text{BAC}=24°+18°=42°$

$\therefore\ \angle x=2\angle\text{BAC}=2\times42°=84°$

08 $\angle\text{IBC}=\dfrac{1}{2}\times70°=35°$이므로

$35°+\angle x+30°=90°$

$\therefore\ \angle x=90°-(35°+30°)=25°$

09 $\angle\text{ICB}=\angle\text{ICA}=30°$이므로

$\triangle\text{IBC}$에서

$\angle\text{IBC}=180°-(110°+30°)=40°$

$\angle x+40°+30°=90°$

$\therefore\ \angle x=90°-(40°+30°)=20°$

11 $130°=90°+\dfrac{1}{2}\angle x$ $\therefore \angle x=80°$

12 $\angle\mathrm{BIC}=90°+\dfrac{1}{2}\times72°=126°$
$\therefore \angle x=180°-(126°+22°)=32°$

ACT 10 034~035쪽

02 $\triangle\mathrm{ABC}=\dfrac{1}{2}\times3\times(8+15+17)=60\ (\mathrm{cm}^2)$

03 $54=\dfrac{1}{2}\times3\times(\overline{\mathrm{AB}}+\overline{\mathrm{BC}}+\overline{\mathrm{CA}})$
$\therefore \overline{\mathrm{AB}}+\overline{\mathrm{BC}}+\overline{\mathrm{CA}}=36\ (\mathrm{cm})$

04 $25=\dfrac{1}{2}\times2\times(\overline{\mathrm{AB}}+\overline{\mathrm{BC}}+\overline{\mathrm{CA}})$
$\therefore \overline{\mathrm{AB}}+\overline{\mathrm{BC}}+\overline{\mathrm{CA}}=25\ (\mathrm{cm})$

06 내접원의 반지름의 길이를 r cm라고 하면
$\dfrac{1}{2}\times12\times5=\dfrac{1}{2}\times r\times(5+12+13)$
$30=15r$ $\therefore r=2$
$\therefore$ (내접원의 넓이)$=\pi\times2^2=4\pi\ (\mathrm{cm}^2)$

07 $\overline{\mathrm{CE}}=\overline{\mathrm{CF}}=5$ cm이므로
$\overline{\mathrm{BD}}=\overline{\mathrm{BE}}=8-5=3\ (\mathrm{cm})$, 즉 $x=3$

08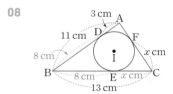

$\overline{\mathrm{BE}}=\overline{\mathrm{BD}}=11-3=8\ (\mathrm{cm})$
$\therefore \overline{\mathrm{CF}}=\overline{\mathrm{CE}}=\overline{\mathrm{BC}}-\overline{\mathrm{BE}}=13-8=5\ (\mathrm{cm})$, 즉 $x=5$

09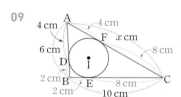

$\overline{\mathrm{AF}}=\overline{\mathrm{AD}}=4$ cm
$\overline{\mathrm{BE}}=\overline{\mathrm{BD}}=6-4=2\ (\mathrm{cm})$
$\overline{\mathrm{CF}}=\overline{\mathrm{CE}}=10-2=8\ (\mathrm{cm})$
$\therefore \overline{\mathrm{AC}}=\overline{\mathrm{AF}}+\overline{\mathrm{FC}}=4+8=12\ (\mathrm{cm})$, 즉 $x=12$

11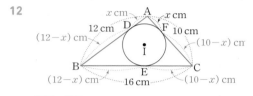

$\overline{\mathrm{AD}}=\overline{\mathrm{AF}}=x$ cm이므로
$\overline{\mathrm{BE}}=\overline{\mathrm{BD}}=(4-x)$ cm
$\overline{\mathrm{EC}}=\overline{\mathrm{FC}}=(6-x)$ cm
$\overline{\mathrm{BC}}=\overline{\mathrm{BE}}+\overline{\mathrm{EC}}=(4-x)+(6-x)=8$
$2x=2$ $\therefore x=1$

12

$\overline{\mathrm{AD}}=\overline{\mathrm{AF}}=x$ cm이므로
$\overline{\mathrm{BE}}=\overline{\mathrm{BD}}=(12-x)$ cm
$\overline{\mathrm{EC}}=\overline{\mathrm{FC}}=(10-x)$ cm
$\overline{\mathrm{BC}}=\overline{\mathrm{BE}}+\overline{\mathrm{EC}}=(12-x)+(10-x)=16$
$2x=6$ $\therefore x=3$

ACT+ 11 036~037쪽

02 $\overline{\mathrm{DI}}=\overline{\mathrm{DB}}=5$ cm이고 $\overline{\mathrm{EI}}=\overline{\mathrm{EC}}=6$ cm이므로
$\overline{\mathrm{DE}}=\overline{\mathrm{DI}}+\overline{\mathrm{IE}}=5+6=11\ (\mathrm{cm})$

03 $\overline{\mathrm{EI}}=\overline{\mathrm{EC}}=3$ cm이므로
$\overline{\mathrm{DB}}=\overline{\mathrm{DI}}=\overline{\mathrm{DE}}-\overline{\mathrm{IE}}=5-3=2\ (\mathrm{cm})$

04 $\overline{\mathrm{DI}}=\overline{\mathrm{DB}}=7$ cm이므로
$\overline{\mathrm{CE}}=\overline{\mathrm{IE}}=\overline{\mathrm{DE}}-\overline{\mathrm{DI}}=16-7=9\ (\mathrm{cm})$

05 ($\triangle\mathrm{ADE}$의 둘레의 길이)
$=\overline{\mathrm{AB}}+\overline{\mathrm{AC}}=7+10=17\ (\mathrm{cm})$

07 $\angle\mathrm{A}=\dfrac{1}{2}\angle\mathrm{BOC}=\dfrac{1}{2}\times100°=50°$
$\therefore \angle x=90°+\dfrac{1}{2}\angle\mathrm{A}$
$=90°+\dfrac{1}{2}\times50°$
$=115°$

08 $110°=90°+\dfrac{1}{2}\angle\mathrm{A}$이므로 $\angle\mathrm{A}=40°$
$\therefore \angle x=2\angle\mathrm{A}=2\times40°=80°$

10 ∠BOC=2∠A=2×36°=72°

△OBC에서 $\overline{OB}=\overline{OC}$이므로

∠OBC=$\frac{1}{2}$×(180°−72°)=54°

11 ∠ABC=$\frac{1}{2}$×(180°−36°)=72°

∴ ∠IBC=$\frac{1}{2}$∠ABC=$\frac{1}{2}$×72°=36°

12 ∠OBI=∠OBC−∠IBC

=54°−36°=18°

01 ① 이등변삼각형의 두 밑각의 크기는 서로 같다.

②, ④ 이등변삼각형의 꼭지각의 이등분선은 밑변을 수직이등분한다.

⑤ SAS 합동

따라서 옳지 않은 것은 ③이다.

03

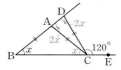

∠ACB=∠ABC=∠x

△ABC에서

∠DAC=∠x+∠x=2∠x

∠CDA=∠CAD=2∠x이므로

△DBC에서

∠x+2∠x=120°

3∠x=120°　∴ ∠x=40°

04 ① RHS 합동

② SAS 합동

③, ④ RHA 합동

따라서 조건이 아닌 것은 ⑤이다.

05 △DBE≡△CBE (RHS 합동)이므로

∠EBC=∠EBD=$\frac{1}{2}$×48°=24°

∴ ∠x=180°−(90°+24°)=66°

06 △EBD≡△FCD (RHS 합동)이므로

∠C=∠B=65°

∴ ∠x=180°−2×65°=50°

07 △DBA≡△EAC (RHA 합동)이므로

$\overline{DA}=\overline{EC}$=4, $\overline{AE}=\overline{BD}$=6

∴ $\overline{DE}=\overline{DA}+\overline{AE}$

=4+6=10

08 $\overline{OA}=\overline{OB}$이므로

∠OAB=∠OBA=36°

∠OAT=90°이므로

∠x=90°−36°=54°

09 외접원의 반지름의 길이는

12×$\frac{1}{2}$=6 (cm)

따라서 외접원의 넓이는

π×6²=36π (cm²)

10 38°+∠x+20°=90°

∴ ∠x=90°−(38°+20°)=32°

11 90°+$\frac{1}{2}$∠x=134°

∴ ∠x=88°

12 30=$\frac{1}{2}$×3×($\overline{AB}+\overline{BC}+\overline{CA}$)

∴ $\overline{AB}+\overline{BC}+\overline{CA}$=20 (cm)

13

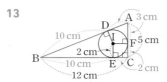

점 I에서 세 변에 내린 수선의 발을 각각 D, E, F라고 하면 사각형 IECF는 정사각형이므로

$\overline{EC}=\overline{FC}$=2 cm

$\overline{AD}=\overline{AF}$=5−2=3 (cm)

$\overline{BD}=\overline{BE}$=12−2=10 (cm)

∴ $\overline{AB}=\overline{AD}+\overline{DB}$=3+10=13 (cm)

▶ 다른 풀이

직각삼각형의 넓이를 이용해 구할 수 있다.

$\frac{1}{2}$×12×5=$\frac{1}{2}$×2×($\overline{AB}$+12+5)

30=$\overline{AB}$+17　∴ $\overline{AB}$=13 (cm)

14 (△ADE의 둘레의 길이)

=$\overline{AB}+\overline{AC}$=10+12=22 (cm)

15 ∠A=$\frac{1}{2}$∠BOC=$\frac{1}{2}$×136°=68°

∴ ∠x=90°+$\frac{1}{2}$∠A

=90°+$\frac{1}{2}$×68°

=124°

Chapter Ⅱ 사각형의 성질

ACT **12**   044~045쪽

07 $x=10$
      $y+1=7$에서 $y=6$

08 $x+8=3x-2$에서 $x=5$
      $9=2y+1$에서 $y=4$

09 $\angle x=\angle B=55°$
      $\angle y=180°-55°=125°$

10 $\angle x=180°-50°=130°$
      $\angle y=\angle B=50°$

11 $\angle x=\angle D=75°$
      $\angle DAC=\angle ACB=40°$ (엇각)이므로
      $\triangle ACD$에서
      $\angle y=180°-(40°+75°)=65°$

12 $\angle x=\angle BAC=45°$ (엇각)
      $\angle B=\angle D=80°$이므로
      $\triangle ABC$에서
      $\angle y=180°-(45°+80°)=55°$

15 $x+6=13$에서 $x=7$
      $2y+3=9$에서 $y=3$

16 $x=\dfrac{1}{2}\times 12=6$
      $3y+2=\dfrac{1}{2}\times 10$에서 $3y+2=5$ $\therefore y=1$

ACT+ **13**   046~047쪽

01 $\angle D=180°-100°=80°$이므로
      $\triangle AED$에서 $\angle x=180°-(30°+80°)=70°$
      다른 풀이
      $\angle A=\angle C=100°$이므로 $\angle BAE=100°-30°=70°$
      $\therefore \angle x=\angle BAE=70°$ (엇각)

02 $\angle D=\angle B=94°$이므로
      $\triangle AED$에서 $\angle x+94°=116°$
      $\therefore \angle x=116°-94°=22°$

03 $\angle B=180°-120°=60°$이므로
      $\triangle ABE$에서 $\angle x=180°-(50°+60°)=70°$

04 $\angle D=\angle B=75°$이므로
      $\triangle ECD$에서 $\angle x=180°-(75°+80°)=25°$

06 $\angle A+\angle B=180°$이므로 $\angle A=180°\times\dfrac{5}{9}=100°$
      $\therefore \angle x=\angle A=100°$

07 $\angle A+\angle B=180°$이므로 $\angle B=180°\times\dfrac{1}{3}=60°$
      $\therefore \angle x=\angle B=60°$

09 $\angle AEB=\angle EBC$ (엇각)이므로 $\angle ABE=\angle AEB$
      따라서 $\triangle ABE$는 이등변삼각형이므로
      $\angle AEB=\dfrac{1}{2}\times(180°-110°)=35°$
      $\therefore \angle x=180°-35°=145°$

10 $\angle AED=\angle BAE$ (엇각)이므로 $\angle DAE=\angle AED$
      따라서 $\triangle AED$는 이등변삼각형이다.
      이때 $\angle D=\angle B=64°$이므로
      $\angle AED=\dfrac{1}{2}\times(180°-64°)=58°$
      $\therefore \angle x=180°-58°=122°$

12 $\angle BEC=\angle ABE$ (엇각)
      이때 $\angle EBC=\angle BEC=35°$이므로
      $\angle ADC=\angle ABC=2\angle EBC=2\times 35°=70°$

13 $\angle AED=\angle BAE$ (엇각)이므로 $\angle DAE=\angle AED$
      따라서 $\triangle AED$는 이등변삼각형이다.
      이때 $\angle D=\angle B=74°$이므로
      $\angle x=\dfrac{1}{2}\times(180°-74°)=53°$

ACT+ **14**   048~049쪽

02 $\angle AEB=\angle DAE$ (엇각)이므로 $\angle BAE=\angle AEB$
      따라서 $\triangle ABE$는 이등변삼각형이므로 $\overline{BE}=\overline{AB}=7$
      $\therefore x=\overline{BC}-\overline{BE}=10-7=3$

03 $\angle BEC=\angle ABE$ (엇각)이므로 $\angle EBC=\angle BEC$
      따라서 $\triangle EBC$는 이등변삼각형이므로 $\overline{CE}=\overline{BC}=5$
      $\therefore x=\overline{DC}-\overline{CE}=8-5=3$

05 $\angle BEC=\angle ECD$ (엇각)이므로 $\angle BEC=\angle BCE$
      따라서 $\triangle EBC$는 이등변삼각형이므로 $\overline{BE}=\overline{BC}=7$
      $\therefore x=\overline{BE}-\overline{AB}=7-4=3$

06 $\angle AED=\angle BAE$ (엇각)이므로 $\angle DAE=\angle AED$
      따라서 $\triangle AED$는 이등변삼각형이므로 $\overline{DE}=\overline{AD}=12$
      $\therefore x=\overline{DE}-\overline{DC}=12-8=4$

08 $\triangle AED \equiv \triangle FEC$ (ASA 합동)

$\overline{CF} = \overline{DA} = \overline{BC} = 6$이므로

$x = \overline{BC} + \overline{CF} = 6 + 6 = 12$

09 $\triangle ABE \equiv \triangle DFE$ (ASA 합동)

$\overline{FD} = \overline{BA} = \overline{CD} = 4$이므로

$x = \overline{CD} + \overline{DF} = 4 + 4 = 8$

11 $\angle DEC = \angle ADE$ (엇각), $\angle AFB = \angle DAF$ (엇각)이므로

$\triangle ABF$와 $\triangle DEC$는 각각 이등변삼각형이다.

$\overline{BF} = \overline{AB} = 5$, $\overline{CE} = \overline{CD} = 5$이므로

$x = \overline{BF} + \overline{CE} - \overline{BC} = 5 + 5 - 7 = 3$

12 $\angle DEC = \angle ADE$ (엇각), $\angle AFB = \angle DAF$ (엇각)이므로

$\triangle ABF$와 $\triangle DEC$는 각각 이등변삼각형이다.

$\overline{BF} = \overline{AB} = 8$, $\overline{CE} = \overline{CD} = 8$이므로

$x = \overline{BF} + \overline{CE} - \overline{BC} = 8 + 8 - 10 = 6$

ACT 15
050~051쪽

07 두 쌍의 대변이 각각 평행하다.

09 두 쌍의 대변의 길이가 각각 같다.

11 한 쌍의 대변이 평행하고 그 길이가 같다.

12 $\angle D = 360° - (70° + 110° + 70°) = 110°$

따라서 두 쌍의 대각의 크기가 각각 같다.

13 두 쌍의 대변의 길이가 각각 같아야 하므로

$\overline{AB} = \overline{DC} = 4$, $\overline{BC} = \overline{AD} = 5$

14 두 쌍의 대각의 크기가 각각 같아야 하므로

$\angle B = \angle D = 65°$, $\angle C = \angle A = 115°$

15 두 대각선이 서로 다른 것을 이등분해야 하므로

$\overline{OC} = \overline{OA} = 3$

$\overline{OD} = \overline{OB} = 5$

$\therefore \overline{BD} = \overline{OB} + \overline{OD} = 5 + 5 = 10$

16 한 쌍의 대변이 평행하고 그 길이가 같아야 하므로

$\overline{AD} = \overline{BC} = 10$

17 한 쌍의 대변이 평행하고 그 길이가 같아야 하므로

$\angle B = 180° - \angle A = 180° - 120° = 60°$

$\overline{BC} = \overline{AD} = 7$

ACT 17
054~055쪽

01 $\triangle ABC = \frac{1}{2}\square ABCD = \frac{1}{2} \times 52 = 26$ (cm^2)

02 $\triangle BCD = \frac{1}{2}\square ABCD = \frac{1}{2} \times 52 = 26$ (cm^2)

03 $\triangle AOD = \frac{1}{4}\square ABCD = \frac{1}{4} \times 52 = 13$ (cm^2)

04 $\triangle ABO = \triangle AOD = 8$ cm^2

05 $\triangle ABC = 2\triangle AOD = 2 \times 8 = 16$ (cm^2)

06 $\square ABCD = 4\triangle AOD = 4 \times 8 = 32$ (cm^2)

07 $\triangle AOD = \triangle OCD = 12$ cm^2

08 $\square ABCD = 4\triangle OCD = 4 \times 12 = 48$ (cm^2)

09 $\triangle ABP + \triangle PCD = \frac{1}{2}\square ABCD = \frac{1}{2} \times 30 = 15$ (cm^2)

10 $\triangle APD + \triangle PBC = \frac{1}{2}\square ABCD = \frac{1}{2} \times 30 = 15$ (cm^2)

11 $\triangle PCD = \frac{1}{2}\square ABCD - \triangle ABP$

$= \frac{1}{2} \times 30 - 7 = 8$ (cm^2)

12 $\triangle PAB + \triangle PCD = \triangle APD + \triangle PBC = 13 + 6 = 19$ (cm^2)

13 $\triangle ABP + \triangle PCD = \triangle APD + \triangle PBC$이므로

$8 + 9 = 5 + \triangle PBC$

$\therefore \triangle PBC = 17 - 5 = 12$ (cm^2)

14 $\square ABCD = 8 \times 6 = 48$ (cm^2)

$\therefore \triangle PAB = \frac{1}{2}\square ABCD - \triangle PCD$

$= \frac{1}{2} \times 48 - 10 = 14$ (cm^2)

ACT 18
058~059쪽

02 $\overline{BD} = \overline{AC} = 8$ cm

03 $\overline{OC} = \frac{1}{2}\overline{AC} = \frac{1}{2} \times 8 = 4$ (cm)

04 $\angle BDC = 90° - 50° = 40°$

05 ∠DBC=∠ADB=50° (엇각)

06 $x=\dfrac{1}{2}\overline{AC}=\dfrac{1}{2}\overline{BD}=\dfrac{1}{2}\times10=5$

∠ODA=90°-55°=35°이고 $\overline{OA}=\overline{OD}$이므로

∠OAD=∠ODA=35° ∴ $y=35$

07 $x=\overline{AC}=2\overline{OC}=2\times6=12$

$\overline{OA}=\overline{OB}$이므로 △AOB에서

∠AOB=180°-2×60°=60°

∴ ∠DOC=∠AOB=60° (맞꼭지각)

∴ $y=60$

08 $x=\overline{AC}=2\overline{AO}=2\times7=14$

∠AOB=180°-134°=46°이고

$\overline{OA}=\overline{OB}$이므로 △AOB에서

∠OAB=$\dfrac{1}{2}\times(180°-46°)=67°$ ∴ $y=67$

10 $\overline{AD}=\overline{AB}=8$ cm

11 $\overline{AC}=2\overline{AO}=2\times4=8$ (cm)

12 $\overline{AC}\perp\overline{BD}$이므로 ∠AOD=90°

13 △OBC에서
∠OBC=180°-(90°+60°)=30°

14 $x=\overline{BC}=8$
∠AOD=90°이므로 △AOD에서
∠ADO=180°-(90°+50°)=40° ∴ $y=40$

15 $x=\overline{OD}=6$
∠AOB=90°이므로 △ABO에서
∠ABO=180°-(90°+28°)=62°
$\overline{AB}=\overline{AD}$이므로
∠ADB=∠ABD=62° ∴ $y=62$

16 $x=\overline{AB}=9$
$\overline{CB}=\overline{CD}$이므로 ∠DBC=∠BDC=35°
△BCD에서 ∠BCD=180°-2×35°=110°이므로
∠BAD=∠BCD=110° ∴ $y=110$

ACT 19   060~061쪽

05 ∠B+∠D=180°에서
∠B=∠D=$\dfrac{1}{2}\times180°=90°$
한 내각의 크기가 90°이므로 평행사변형 ABCD는 직사각형이 된다.

06 한 내각의 크기가 90°이어야 하므로
∠ABC=90° ∴ $x=90$

07 두 대각선의 길이가 같아야 하므로
$\overline{AC}=\overline{BD}=14$ cm ∴ $x=14$

08 평행사변형이므로
$\overline{OA}=\overline{OC}$, $\overline{OB}=\overline{OD}$
두 대각선의 길이가 같아야 하므로
$\overline{OD}=\dfrac{1}{2}\overline{BD}=\dfrac{1}{2}\overline{AC}=\overline{AO}=6$ cm
∴ $x=6$

09 평행사변형이므로
$\overline{OB}=\overline{OD}=5$ cm ∴ $\overline{BD}=2\times5=10$ (cm)
두 대각선의 길이가 같아야 하므로
$\overline{AC}=\overline{BD}=10$ cm ∴ $x=10$

14 ∠ABD=∠ADB이면 △ABD가 이등변삼각형이므로
$\overline{AB}=\overline{AD}$ ➡ 이웃하는 두 변의 길이가 같다.

15 이웃하는 두 변의 길이가 같아야 하므로
$\overline{BC}=\overline{AB}=6$ cm ∴ $x=6$

16 두 대각선이 서로 수직이어야 하므로
∠AOD=90° ∴ $x=90$

17 이웃하는 두 변의 길이가 같아야 하므로 $\overline{AD}=\overline{DC}$
∴ ∠OCD=∠OAD=55° ∴ $x=55$

18 두 대각선이 서로 수직이어야 하므로 ∠AOB=90°
△ABO에서 ∠ABO=180°-(90°+48°)=42°
∴ $x=42$

ACT 20   062~063쪽

02 $\overline{AC}=\overline{BD}=10$ cm

03 $\overline{OC}=\dfrac{1}{2}\overline{AC}=\dfrac{1}{2}\overline{BD}=\dfrac{1}{2}\times10=5$ (cm)

04 $\overline{AC}\perp\overline{BD}$이므로 ∠AOD=90°

05 $\overline{OA}=\overline{OD}$이고 ∠AOD=90°이므로
△AOD에서 ∠ADB=$\dfrac{1}{2}\times(180°-90°)=45°$

06 $x=\overline{AD}=9$
∠AOD=90°이고 $\overline{AO}=\overline{DO}$이므로
∠ADO=45° ∴ $y=45$

07 $x=\overline{BD}=2\,\overline{BO}=2\times6=12$
$\angle BOC=90°$이므로 $y=90$

08 $x=\overline{AD}=12$
$\angle ADC=90°$이고 $\overline{AD}=\overline{DC}$이므로 $\angle CAD=45°$
$\triangle AED$에서 $\angle DEC=45°+36°=81°$
$\therefore y=81$

10 $\overline{DC}=\overline{AB}=7\ \text{cm}$

11 $\overline{BD}=\overline{AC}=12\ \text{cm}$

12 $\angle BCD=\angle CBA=70°$

13 $\angle ADC=180°-70°=110°$

14 $x=\overline{DB}=9$
$\angle ABC=180°-125°=55°$ $\therefore y=55$

15 $x=\overline{AC}=\overline{AO}+\overline{OC}=4+6=10$
$\angle BCD=180°-105°=75°$ $\therefore y=75$

16 $x=\overline{DC}=\overline{AD}=9$
$\angle D=180°-72°=108°$
$\triangle ACD$에서 $\angle DAC=\dfrac{1}{2}\times(180°-108°)=36°$
$\angle ACB=\angle DAC=36°$ (엇각)이므로 $y=36$

ACT 21 064~065쪽

11 이웃하는 두 변의 길이가 같아야 하므로
$\overline{AB}=\overline{BC}=5\ \text{cm}$ $\therefore x=5$

12 두 대각선이 서로 수직이어야 하므로
$\angle AOD=90°$ $\therefore x=90$

13 두 대각선의 길이가 같아야 하므로
$\overline{BD}=\overline{AC}=2\,\overline{AO}=2\times4=8\ \text{(cm)}$ $\therefore x=8$

14 한 내각의 크기가 $90°$이어야 하므로 $\angle B=90°$
$\triangle AOB\equiv\triangle COB$ (RHS 합동)이므로
$\angle ABO=\dfrac{1}{2}\angle B=\dfrac{1}{2}\times90°=45°$ $\therefore x=45$

15 이웃하는 두 변의 길이가 같으므로 마름모가 된다.

16 $\overline{AC}=2\,\overline{OA}=2\,\overline{OB}=\overline{BD}$
따라서 두 대각선의 길이가 같으므로 직사각형이 된다.

17 두 대각선이 서로 수직이므로 마름모가 된다.

18 $\angle A+\angle B=180°$이므로 $\angle A=\angle B=\dfrac{1}{2}\times180°=90°$
따라서 한 내각의 크기가 $90°$이므로 직사각형이 된다.

19 $\angle OBC=\angle ODC$이므로 $\overline{BC}=\overline{DC}$
따라서 이웃하는 두 변의 길이가 같으므로 마름모가 된다.

20 한 내각의 크기가 $90°$이므로 직사각형이 되고, 직사각형의 두 대각선이 서로 수직이므로 정사각형이 된다.

21 이웃하는 두 변의 길이가 같으므로 마름모가 되고, 마름모의 두 대각선의 길이가 같으므로 정사각형이 된다.

ACT 22 066~067쪽

04 정사각형은 직사각형이다.

06 한 내각의 크기가 $90°$인 평행사변형은 직사각형이다.

11 평행사변형 ➡ 평행사변형

13 마름모 ➡ 직사각형

ACT+ 23 068~069쪽

02 $\triangle ABP\equiv\triangle ADP$ (SAS 합동)이므로
$\angle ABP=\angle ADP=40°$
이때 $\angle BAP=\angle DAP=\dfrac{1}{2}\times90°=45°$이므로
$\triangle ABP$에서 $\angle x=45°+40°=85°$

04 $\triangle ABE\equiv\triangle BCF$ (SAS 합동)이므로
$\angle BFC=\angle AEB=55°$
$\triangle BCF$에서 $\angle x=180°-(90°+55°)=35°$

06

점 D를 지나고 $\overline{AB}$와 평행한 $\overline{DE}$를 그으면
$\angle B=180°-120°=60°$이므로
$\angle DEC=\angle B=60°$ (동위각)
$\angle C=\angle B=60°$이므로 $\triangle DEC$는 정삼각형이다.
이때 $\square ABED$는 평행사변형이므로
$\overline{BE}=\overline{AD}=4$, $\overline{EC}=\overline{DE}=\overline{AB}=7$
$\therefore x=\overline{BE}+\overline{EC}=4+7=11$

07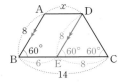

점 D를 지나고 $\overline{AB}$와 평행한 $\overline{DE}$를 그으면
∠DEC=∠B=60° (동위각)
∠C=∠B=60°이므로 △DEC는 정삼각형이다.
이때 □ABED는 평행사변형이므로
$\overline{EC}=\overline{DE}=\overline{AB}=8$
$\overline{BE}=\overline{BC}-\overline{EC}=14-8=6$
∴ $x=\overline{BE}=6$

09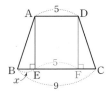

△ABE≡△DCF (RHA 합동)이므로
$\overline{BE}=\overline{CF}$
$\overline{EF}=\overline{AD}=5$이므로
$x=\dfrac{1}{2}\times(9-5)=2$

10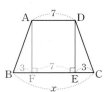

△ABF≡△DCE (RHA 합동)이므로
$\overline{BF}=\overline{CE}=3$
$\overline{FE}=\overline{AD}=7$이므로
$x=\overline{BF}+\overline{FE}+\overline{EC}$
　$=3+7+3=13$

ACT 24　　　070~071쪽

03 △ABO=△ABC−△OBC
　　　=△DBC−△OBC
　　　=△DCO

05 □ABCD=△ABC+△ACD
　　　=△ABC+△ACE
　　　=△ABE

---

06 △DOC=△ACD−△AOD
　　　=△ABD−△AOD
　　　=20−5=15 (cm²)

07 △ABD=△ACD
　　　=△DOC+△AOD
　　　=10+7=17 (cm²)

08 △ABO=△ABC−△OBC
　　　=△DBC−△OBC=△DOC
△OBC=△ABC−△ABO
　　　=△ABC−△DOC
　　　=15−6=9 (cm²)

10 △ABE=△ABC+△ACE
　　　=△ABC+△ACD
　　　=□ABCD=20 cm²

11 △ABC=△ABE−△ACE
　　　=△ABE−△ACD
　　　=18−8=10 (cm²)

12 △ACE=△ACD
　　　=□ABCD−△ABC
　　　=35−12=23 (cm²)

14 □ABCD=△ABD+△DBC
　　　=△DEB+△DBC
　　　=△DEC
　　　=$\dfrac{1}{2}\times(2+6)\times5=20$ (cm²)

15 □ABCD=△ABC+△ACD
　　　=△ABC+△ACE
　　　=△ABE
　　　=$\dfrac{1}{2}\times(6+8)\times7=49$ (cm²)

16 □ABCD=△ABD+△DBC
　　　=△DEB+△DBC
　　　=△DEC
　　　=$\dfrac{1}{2}\times(6+4)\times5=25$ (cm²)

ACT 25　　　072~073쪽

02 △ADC=$\dfrac{1}{3}$△ABC
　　　=$\dfrac{1}{3}\times30=10$ (cm²)

03 $\triangle ABD = \dfrac{1}{2}\triangle ABC$

$\qquad = \dfrac{1}{2}\times 30 = 15\ (\text{cm}^2)$

$\qquad \therefore \triangle ABE = \dfrac{2}{3}\triangle ABD$

$\qquad\qquad = \dfrac{2}{3}\times 15 = 10\ (\text{cm}^2)$

04 $\triangle ABE = \dfrac{3}{5}\triangle ABC$

$\qquad = \dfrac{3}{5}\times\left(\dfrac{1}{2}\square ABCD\right)$

$\qquad = \dfrac{3}{10}\square ABCD$

$\qquad = \dfrac{3}{10}\times 60 = 18\ (\text{cm}^2)$

05 $\triangle DBE = \dfrac{2}{3}\triangle DBC$

$\qquad = \dfrac{2}{3}\times\left(\dfrac{1}{2}\square ABCD\right)$

$\qquad = \dfrac{1}{3}\square ABCD$

$\qquad = \dfrac{1}{3}\times 60 = 20\ (\text{cm}^2)$

07 $\triangle OBC : \triangle DOC = 3 : 2$이므로

$\quad 30 : \triangle DOC = 3 : 2$

$\quad \therefore \triangle DOC = 20\ (\text{cm}^2)$

$\quad \therefore \triangle ABC = \triangle DBC$

$\qquad\qquad = \triangle DOC + \triangle OBC$

$\qquad\qquad = 20 + 30 = 50\ (\text{cm}^2)$

08 $\triangle AOD : \triangle DOC = 2 : 3$이므로

$\quad 6 : \triangle DOC = 2 : 3$

$\quad \therefore \triangle DOC = 9\ (\text{cm}^2)$

$\quad \therefore \triangle ABD = \triangle ACD$

$\qquad\qquad = \triangle AOD + \triangle DOC$

$\qquad\qquad = 6 + 9 = 15\ (\text{cm}^2)$

09 $\triangle DOC = \triangle ABO = 9\ \text{cm}^2$이고

$\quad \triangle OBC : \triangle DOC = 2 : 1$이므로

$\quad \triangle OBC : 9 = 2 : 1$

$\quad \therefore \triangle OBC = 18\ (\text{cm}^2)$

$\quad \therefore \triangle DBC = \triangle DOC + \triangle OBC$

$\qquad\qquad = 9 + 18 = 27\ (\text{cm}^2)$

10 $\triangle ABO = \dfrac{2}{5}\triangle ABC$

$\qquad = \dfrac{2}{5}\times 35 = 14\ (\text{cm}^2)$

$\quad \therefore \triangle DOC = \triangle ABO = 14\ \text{cm}^2$

11 $\triangle AOD : \triangle AOB = 1 : 2$이므로

$\quad 4 : \triangle AOB = 1 : 2$

$\quad \therefore \triangle AOB = 8\ (\text{cm}^2)$

$\quad$또한 $\triangle DOC : \triangle OBC = 1 : 2$이고

$\quad \triangle DOC = \triangle AOB = 8\ \text{cm}^2$이므로

$\quad 8 : \triangle OBC = 1 : 2$

$\quad \therefore \triangle OBC = 16\ (\text{cm}^2)$

01 $x = 2\times 6 = 12$

$\quad \angle ABC = \angle ADC$

$\qquad\qquad = 180° - (40° + 60°) = 80°$

$\quad \therefore y = 80$

02

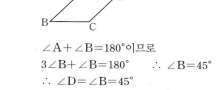

$\angle A + \angle B = 180°$이므로

$3\angle B + \angle B = 180°$　　$\therefore \angle B = 45°$

$\therefore \angle D = \angle B = 45°$

03 $\angle BEA = \angle DAE$ (엇각)이므로 $\angle BAE = \angle BEA$

따라서 $\triangle ABE$는 이등변삼각형이므로

$\overline{BE} = \overline{AB} = 6$

$\therefore x = \overline{BC} - \overline{BE} = \overline{AD} - \overline{BE} = 10 - 6 = 4$

04 $\triangle ABE \equiv \triangle DFE$ (ASA 합동)

$\overline{DF} = \overline{AB} = 5$이므로

$\overline{CF} = \overline{CD} + \overline{DF} = 5 + 5 = 10$

05 (1) 두 쌍의 대변이 각각 평행해야 하므로

$\quad\quad \angle DAC = \angle ACB = 35°$ (엇각)　$\therefore x = 35$

$\quad\quad \angle BDC = \angle ABD = 55°$ (엇각)　$\therefore y = 55$

(2) 두 대각선이 서로 다른 것을 이등분해야 하므로

$\quad\quad x = \overline{OD} = 6$

$\quad\quad y = \dfrac{1}{2}\overline{AC} = \dfrac{1}{2}\times 10 = 5$

06

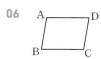

② $\angle A = \angle C = 100°$, $\angle B = \angle D = 80°$

　　즉, 두 쌍의 대각의 크기가 각각 같으므로 평행사변형이다.

⑤ $\angle A + \angle B = 180°$에서 $\overline{AD}\ /\!/\ \overline{BC}$이고, $\overline{AD} = \overline{BC}$

　　즉, 한 쌍의 대변이 평행하고 그 길이가 같으므로 평행사변형이다.

따라서 옳은 것은 ②, ⑤이다.

07 $\overline{OA} = \overline{OC}$이고 $\overline{AE} = \overline{CG}$이므로

$\overline{OE} = \overline{OG}$　$\cdots\cdots$ ㉠

또한 $\overline{OB} = \overline{OD}$이고 $\overline{BF} = \overline{DH}$이므로

$\overline{OF} = \overline{OH}$　$\cdots\cdots$ ㉡

㉠, ㉡에서 $\square EFGH$는 두 대각선이 서로 다른 것을 이등분하므로 평행사변형이다.

08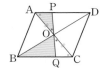

$\triangle AOP \equiv \triangle COQ$ (ASA 합동)이므로

$\triangle AOP = \triangle COQ$

$\therefore \triangle AOP + \triangle BOQ$

$= \triangle COQ + \triangle BOQ$

$= \triangle OBC$

$= \dfrac{1}{4} \square ABCD$

$= \dfrac{1}{4} \times 40$

$= 10 \ (\mathrm{cm}^2)$

10 ① $\overline{AB} = \overline{DC} = 5 \ \mathrm{cm}$

② $\overline{BD} = \overline{AC} = 8 \ \mathrm{cm}$

③ $\angle ADC = 180° - 70° = 110°$

④ $\angle BCD = \angle ABC = 70°$

⑤ $\triangle ABC$와 $\triangle DCB$에서

$\overline{AB} = \overline{DC}$, $\overline{BC}$는 공통

$\angle ABC = \angle DCB$

$\therefore \triangle ABC \equiv \triangle DCB$ (SAS 합동)

따라서 옳지 않은 것은 ③이다.

11 $\angle AOD = 90°$이므로 $\square ABCD$는 마름모가 된다.

$\therefore \overline{AB} = \overline{AD} = 6 \ \mathrm{cm}$

12 $\overline{AB} /\!/ \overline{DC}$, $\overline{AD} /\!/ \overline{BC}$에서 $\square ABCD$는 평행사변형이다.

이때 $\overline{AB} = \overline{AD}$에 의해 마름모가 되고, $\angle A = 90°$에 의해 정사각형이 된다.

13 ① 정사각형은 직사각형이다.

② 한 내각의 크기가 90°인 평행사변형은 직사각형이다.

⑤ 두 대각선의 길이가 같은 사각형은 정사각형, 등변사다리꼴일 수도 있다.

따라서 옳은 것은 ③, ④이다.

14 $\triangle ABO$

$= \triangle ABD - \triangle AOD$

$= \triangle ACD - \triangle AOD$

$= 14 - 6$

$= 8 \ (\mathrm{cm}^2)$

15 $\square ABCD$

$= \triangle ABC + \triangle ACD$

$= \triangle ABC + \triangle ACE$

$= \triangle ABE$

$= \dfrac{1}{2} \times (3+4) \times 5$

$= \dfrac{35}{2} \ (\mathrm{cm}^2)$

Chapter Ⅲ 도형의 닮음

ACT 26
080~081쪽

14 $\overline{FG} : \overline{F'G'} = 4 : 6 = 2 : 3$

15 $\overline{DH} : \overline{D'H'} = 2 : 3$이므로

$\overline{DH} : 9 = 2 : 3$

$\therefore \overline{DH} = 6 \ (\mathrm{cm})$

16 $\overline{GH} : \overline{G'H'} = 2 : 3$이므로

$2 : \overline{G'H'} = 2 : 3$

$\therefore \overline{G'H'} = 3 \ (\mathrm{cm})$

ACT 27
082~083쪽

01 $\overline{BC} : \overline{EF} = 6 : 9 = 2 : 3$

03 $\overline{AD} : \overline{EH} = 3 : 5$

04 $3^2 : 5^2 = 9 : 25$

06 $2^2 : 5^2 = 4 : 25$

07 닮음비는 $4 : 6 = 2 : 3$이므로

둘레의 길이의 비는 $2 : 3$

08 $2^2 : 3^2 = 4 : 9$

09 $\overline{BC} : \overline{EF} = 6 : 8 = 3 : 4$

10 $3^2 : 4^2 = 9 : 16$

12 $\overline{BC} : \overline{FG} = 4 : 6 = 2 : 3$

14 $\square ABCD$의 둘레의 길이를 $x \ \mathrm{cm}$라고 하면

$x : 24 = 2 : 3$ $\therefore x = 16$

16 원 O의 둘레의 길이를 $x \ \mathrm{cm}$라고 하면

$x : 18\pi = 1 : 2$ $\therefore x = 9\pi$

17 $6 : 10 = 3 : 5$

18 $3^2 : 5^2 = 9 : 25$

19 부채꼴 S'의 넓이를 $x \ \mathrm{cm}^2$라고 하면

$27\pi : x = 9 : 25$ $\therefore x = 75\pi$

ACT 28　084~085쪽

01 $4:6=2:3$

02 $2^2:3^2=4:9$

03 $12:18=2:3$

04 $2^3:3^3=8:27$

05 $3^2:5^2=9:25$

06 $3^3:5^3=27:125$

07 닮음비는 $4:10=2:5$이므로
겉넓이의 비는 $2^2:5^2=4:25$

08 $2^3:5^3=8:125$

10 $5^2:3^2=25:9$

11 삼각기둥 B의 겉넓이를 x cm²라고 하면
$100:x=25:9$ $\therefore x=36$

12 $12:16=3:4$

14 $3^3:4^3=27:64$

15 원기둥 A의 부피를 x cm³라고 하면
$x:192\pi=27:64$ $\therefore x=81\pi$

16 $2^2:1^2=4:1$

17 구 O의 겉넓이를 x cm²라고 하면
$x:4\pi=4:1$ $\therefore x=16\pi$

18 닮음비는 $12:4=3:1$이므로
부피의 비는 $3^3:1^3=27:1$

19 물의 부피를 x cm³라고 하면
$108\pi:x=27:1$ $\therefore x=4\pi$

ACT 29　086~087쪽

04 △JKL과 △ONM에서
$\overline{JK}:\overline{ON}=\overline{JL}:\overline{OM}=2:3$
∠KJL=∠NOM=110°
∴ △JKL∽△ONM (SAS 닮음)

05 △ABC와 △PRQ에서
$\overline{AB}:\overline{PR}=\overline{BC}:\overline{RQ}=\overline{AC}:\overline{PQ}=2:1$
∴ △ABC∽△PRQ (SSS 닮음)

06 △DEF에서 ∠D=180°−(30°+80°)=70°이므로
△DEF와 △TUS에서
∠D=∠T=70°, ∠E=∠U=30°
∴ △DEF∽△TUS (AA 닮음)

07 △GHI와 △VXW에서
$\overline{GH}:\overline{VX}=\overline{IH}:\overline{WX}=1:2$
∠GHI=∠VXW=125°
∴ △GHI∽△VXW (SAS 닮음)

08 $\overline{AB}:\overline{DE}=\overline{BC}:\overline{EF}=\overline{AC}:\overline{DF}=1:2$
∴ △ABC∽△DEF (SSS 닮음)

09 △DEF에서 ∠E=180°−(45°+75°)=60°
$\overline{AB}:\overline{DE}=\overline{BC}:\overline{EF}=1:2$, ∠B=∠E
∴ △ABC∽△DEF (SAS 닮음)

11 △ABC와 △ACD에서
$\overline{AB}:\overline{AC}=\overline{BC}:\overline{CD}=\overline{AC}:\overline{AD}=2:1$
∴ △ABC∽△ACD (SSS 닮음)

12 △ABC와 △ADE에서
$\overline{AB}:\overline{AD}=\overline{AC}:\overline{AE}=1:3$
∠BAC=∠DAE (맞꼭지각)
∴ △ABC∽△ADE (SAS 닮음)

13 △ABC와 △AED에서
∠A는 공통, ∠ABC=∠AED
∴ △ABC∽△AED (AA 닮음)

ACT+ 30　088~089쪽

02 △ABC와 △DEC에서
$\overline{AC}:\overline{DC}=\overline{BC}:\overline{EC}=2:3$
∠BCA=∠ECD (맞꼭지각)
∴ △ABC∽△DEC (SAS 닮음)
닮음비는 $2:3$이므로
$\overline{AB}:\overline{DE}=2:3$에서
$8:x=2:3$ $\therefore x=12$

03 △ABC와 △ADE에서
$\overline{AB}:\overline{AD}=\overline{AC}:\overline{AE}=3:1$, ∠A는 공통
∴ △ABC∽△ADE (SAS 닮음)
닮음비는 $3:1$이므로
$\overline{BC}:\overline{DE}=3:1$에서
$x:4=3:1$ $\therefore x=12$

05 △ABC와 △AED에서

∠A는 공통, ∠ACB=∠ADE

∴ △ABC∽△AED (AA 닮음)

닮음비는 $\overline{AC}:\overline{AD}=15:9=5:3$이므로

$\overline{AB}:\overline{AE}=5:3$에서

$10:x=5:3$ ∴ $x=6$

06 △ABC와 △EBD에서

∠B는 공통, ∠BAC=∠BED

∴ △ABC∽△EBD (AA 닮음)

닮음비는 $\overline{BC}:\overline{BD}=10:5=2:1$이므로

$\overline{AB}:\overline{EB}=2:1$에서

$(x+5):4=2:1$ ∴ $x=3$

08 △ABC∽△ADE (AA 닮음)이고

닮음비는 $\overline{AC}:\overline{AE}=20:8=5:2$이므로

넓이의 비는 $5^2:2^2=25:4$

$75:△ADE=25:4$ ∴ △ADE=12 (cm^2)

09 △ABC∽△DBE (AA 닮음)이고

닮음비는 $\overline{BC}:\overline{BE}=15:10=3:2$이므로

넓이의 비는 $3^2:2^2=9:4$

$△ABC:16=9:4$ ∴ △ABC=36 (cm^2)

10 △ABC∽△DBE (AA 닮음)이고

닮음비는 $\overline{BC}:\overline{BE}=12:9=4:3$이므로

넓이의 비는 $4^2:3^2=16:9$

$80:△DBE=16:9$ ∴ △DBE=45 (cm^2)

∴ □ADEC=△ABC−△DBE

$=80-45=35$ (cm^2)

11 △AOD와 △COB에서

∠AOD=∠COB (맞꼭지각)

∠DAO=∠BCO (엇각)

∴ △AOD∽△COB (AA 닮음)

닮음비는 $\overline{AD}:\overline{CB}=4:8=1:2$이므로

넓이의 비는 $1^2:2^2=1:4$

$5:△OBC=1:4$ ∴ △OBC=20 (cm^2)

12 △AOD∽△COB (AA 닮음)이고

닮음비는 $\overline{AD}:\overline{CB}=6:9=2:3$이므로

넓이의 비는 $2^2:3^2=4:9$

$△AOD:45=4:9$ ∴ △AOD=20 (cm^2)

ACT 31

090~091쪽

04 $\overline{AB}^2=\overline{BH}\times\overline{BC}$이므로 $x^2=4\times(4+5)=36$

∴ $x=6$ (∵ $x>0$)

05 $\overline{AH}^2=\overline{HB}\times\overline{HC}$이므로 $12^2=16\times x$ ∴ $x=9$

06 $\overline{AB}\times\overline{AC}=\overline{AH}\times\overline{BC}$이므로 $6\times8=10\times x$ ∴ $x=\dfrac{24}{5}$

07 $\overline{AB}^2=\overline{BH}\times\overline{BC}$이므로 $6^2=(10-x)\times10$

$36=100-10x,\ 10x=64$

∴ $x=\dfrac{32}{5}$

08 $\overline{AC}^2=\overline{CH}\times\overline{CB}$이므로 $5^2=4\times\overline{CB}$에서 $\overline{CB}=\dfrac{25}{4}$

또한 $\overline{AH}^2=\overline{HB}\times\overline{HC}$이므로

$x^2=\left(\dfrac{25}{4}-4\right)\times4=9$ ∴ $x=3$ (∵ $x>0$)

09 $\overline{AC}^2=\overline{CH}\times\overline{CB}$이므로 $10^2=6\times\overline{CB}$에서 $\overline{CB}=\dfrac{50}{3}$

또한 $\overline{AB}^2=\overline{BH}\times\overline{BC}$이므로

$x^2=\left(\dfrac{50}{3}-6\right)\times\dfrac{50}{3}=\dfrac{1600}{9}$

∴ $x=\dfrac{40}{3}$ (∵ $x>0$)

ACT 32

092~093쪽

04 $4\ \text{cm}\div\dfrac{1}{50000}=4\ \text{cm}\times50000=200000\ \text{cm}=2\ \text{km}$

05 $4\ \text{km}\times\dfrac{1}{50000}=400000\ \text{cm}\times\dfrac{1}{50000}=8\ \text{cm}$

06 (축척)$=\dfrac{2\ \text{cm}}{40\ \text{m}}=\dfrac{2\ \text{cm}}{4000\ \text{cm}}=\dfrac{1}{2000}$

∴ (실제 거리)$=3.6\ \text{cm}\div\dfrac{1}{2000}$

$=3.6\ \text{cm}\times2000$

$=7200\ \text{cm}=72\ \text{m}$

07 (축척)$=\dfrac{\overline{B'C'}}{\overline{BC}}=\dfrac{5\ \text{cm}}{10\ \text{m}}=\dfrac{5\ \text{cm}}{1000\ \text{cm}}=\dfrac{1}{200}$

∴ $\overline{AC}=3.5\ \text{cm}\div\dfrac{1}{200}=3.5\ \text{cm}\times200$

$=700\ \text{cm}=7\ \text{m}$

따라서 실제 나무의 높이는 $7+1.5=8.5$ (m)

08 △ABC와 △DEC에서

∠ABC=∠DEC

∠ACB=∠DCE (맞꼭지각)

∴ △ABC∽△DEC (AA 닮음)

닮음비는 $\overline{BC}:\overline{EC}=100:40=5:2$이므로

$\overline{AB}:\overline{DE}=5:2$에서

$\overline{AB}:60=5:2$ ∴ $\overline{AB}=150$ (m)

따라서 강의 폭은 150 m이다.

09 △ABC와 △DBE에서

∠B는 공통, ∠BCA=∠BED

∴ △ABC∽△DBE (AA 닮음)

닮음비는 $\overline{BC}:\overline{BE}=(0.8+5.6):0.8=8:1$이므로

$\overline{AC}:\overline{DE}=8:1$에서

$\overline{AC}:1.6=8:1$ ∴ $\overline{AC}=12.8$ (m)

따라서 탑의 높이는 12.8 m이다.

ACT+ 33   094~095쪽

02 △ABE∽△ACD (AA 닮음)이므로

$\overline{AB}:\overline{AC}=\overline{BE}:\overline{CD}$

$6:5=5:x$ ∴ $x=\dfrac{25}{6}$

03 △ABE∽△ACD (AA 닮음)이므로

$\overline{AB}:\overline{AC}=\overline{AE}:\overline{AD}$

$16:x=8:10$ ∴ $x=20$

04 △ACD∽△BCE (AA 닮음)이므로

$\overline{AC}:\overline{BC}=\overline{CD}:\overline{CE}$

$16:(x+8)=8:12$

$8x+64=192,\ 8x=128$ ∴ $x=16$

05 △ABE∽△CBD (AA 닮음)이므로

$\overline{AB}:\overline{CB}=\overline{BE}:\overline{BD}$

$14:x=7:5$ ∴ $x=10$

06 △BCD∽△ACF (AA 닮음)이므로

$\overline{BC}:\overline{AC}=\overline{DC}:\overline{FC}$

$12:14=6:(12-x)$

$144-12x=84,\ 12x=60$ ∴ $x=5$

07 △ABC∽△FBD (AA 닮음)이므로

$\overline{AB}:\overline{FB}=\overline{BC}:\overline{BD}$

$(x+6):10=5:6$

$6x+36=50,\ 6x=14$ ∴ $x=\dfrac{7}{3}$

09 △ABF∽△DFE (AA 닮음)

$\overline{AB}:\overline{DF}=\overline{AF}:\overline{DE}$에서

$8:x=6:3$ ∴ $x=4$

10 △AEF∽△DFC (AA 닮음)

$\overline{AF}:\overline{DC}=\overline{EF}:\overline{FC}$에서

$\overline{EF}=\overline{BE}=\overline{AB}-\overline{AE}=9-4=5$이므로

$3:9=5:x$ ∴ $x=15$

12 △BDE∽△CEF (AA 닮음)

$\overline{BE}:\overline{CF}=\overline{DE}:\overline{EF}$에서

$\overline{EF}=\overline{AF}=7$이고

$\overline{CF}=\overline{AC}-\overline{AF}=15-7=8$이므로

$10:8=x:7$ ∴ $x=\dfrac{35}{4}$

13 △ADF∽△CFE (AA 닮음)

$\overline{AD}:\overline{CF}=\overline{DF}:\overline{FE}$에서

$\overline{DF}=\overline{BD}=\overline{AB}-\overline{AD}=30-16=14$이므로

$16:24=14:x$ ∴ $x=21$

TEST 03   096~097쪽

02 ①, ⑤ 닮음비는 $\overline{BC}:\overline{EF}=4:6=2:3$이므로

$\overline{AB}:\overline{DE}=2:3$

② ∠C=∠F=40°

③ ∠D=∠A=85°이므로 ∠E=180°-(85°+40°)=55°

④ $\overline{AC}:5=2:3$이므로 $\overline{AC}=\dfrac{10}{3}$ (cm)

따라서 옳지 않은 것은 ④이다.

03 닮음비는 $\overline{DC}:\overline{HG}=8:4=2:1$이므로

$6:x=2:1$ ∴ $x=3$

또한 ∠F=∠B=80°, ∠G=∠C=75°이므로

∠H=360°-(110°+80°+75°)=95°

∴ $y=95$

∴ $x+y=3+95=98$

04 닮음비는 $\overline{FG}:\overline{F'G'}=8:12=2:3$이므로

$x:9=2:3$ ∴ $x=6$

$4:y=2:3$ ∴ $y=6$

∴ $x+y=6+6=12$

05 닮음비는 $\overline{AB}:\overline{DE}=12:9=4:3$이고

△ABC의 둘레의 길이는

$12+16+8=36$ (cm)

△DEF의 둘레의 길이를 x cm라고 하면

$36:x=4:3$ ∴ $x=27$

따라서 △DEF의 둘레의 길이는 27 cm이다.

06 닮음비는 $6:9=2:3$이므로 부피의 비는

$2^3:3^3=8:27$

원기둥 A의 부피는 $\pi\times4^2\times6=96\pi$ (cm³)

원기둥 B의 부피를 x cm³라고 하면

$96\pi:x=8:27$ ∴ $x=324\pi$

따라서 원기둥 B의 부피는 324π cm³이다.

08 $\triangle$ABC$\backsim$$\triangle$DEC (SAS 닮음)이고
닮음비는 $\overline{AC}:\overline{DC}=3:6=1:2$이므로
$\overline{AB}:\overline{DE}=1:2$에서
$6:x=1:2$ $\quad\therefore x=12$

09 $\triangle$ABC$\backsim$$\triangle$EBD (SAS 닮음)이고
닮음비는 $\overline{AB}:\overline{EB}=12:8=3:2$이므로
$\overline{AC}:\overline{ED}=3:2$에서
$x:6=3:2$ $\quad\therefore x=9$

10 $\triangle$ABC$\backsim$$\triangle$DAC (AA 닮음)이고
닮음비는 $\overline{BC}:\overline{AC}=10:6=5:3$이므로
$\overline{AC}:\overline{DC}=5:3$에서
$6:x=5:3$ $\quad\therefore x=\dfrac{18}{5}$

11

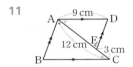

$\triangle$ABC$\backsim$$\triangle$EDA (AA 닮음)이고
닮음비는 $\overline{AC}:\overline{EA}=12:(12-3)=4:3$이므로
$\overline{BC}:\overline{DA}=4:3$에서
$\overline{BC}:9=4:3$ $\quad\therefore \overline{BC}=12$ (cm)

12 $\triangle$ABC$\backsim$$\triangle$DEC (AA 닮음)이고
닮음비는 $\overline{AB}:\overline{DE}=2:1$이므로
$\overline{BC}:\overline{EC}=2:1$에서
$12:\overline{EC}=2:1$ $\quad\therefore \overline{EC}=6$ (cm)

13 ④ $\overline{AH}^2=\overline{HB}\times\overline{HC}$

14 $\overline{AH}^2=\overline{HB}\times\overline{HC}$이므로 $12^2=x\times16$ $\quad\therefore x=9$
또한 $\overline{AC}^2=\overline{CH}\times\overline{CB}$이므로
$y^2=16\times(16+9)=400$ $\quad\therefore y=20$ $(\because y>0)$
$\therefore y-x=20-9=11$

15 $\triangle$ABF$\backsim$$\triangle$DFE (AA 닮음)
$\overline{AB}:\overline{DF}=\overline{BF}:\overline{FE}$에서
$\overline{FE}=\overline{EC}=\overline{DC}-\overline{DE}=16-6=10$ (cm)이므로
$16:8=\overline{BF}:10$ $\quad\therefore \overline{BF}=20$ (cm)

ACT
34
100~101쪽

03 $2:6=x:12$에서 $6x=24$ $\quad\therefore x=4$

04 $6:(6+3)=x:12$에서 $9x=72$ $\quad\therefore x=8$

05 $4:(4+x)=8:14$에서 $32+8x=56$
$8x=24$ $\quad\therefore x=3$

06 $12:8=x:6$에서 $8x=72$ $\quad\therefore x=9$

07 $3:4=6:x$에서 $3x=24$ $\quad\therefore x=8$

08 $4:8\ne5:9$이므로 $\overline{BC}$와 $\overline{DE}$는 평행하지 않다.

09 $6:2=9:3$이므로 $\overline{BC}$ // $\overline{DE}$

10 $4:6\ne3:9$이므로 $\overline{BC}$와 $\overline{DE}$는 평행하지 않다.

11 $10:(10+6)=15:24$이므로 $\overline{BC}$ // $\overline{DE}$

ACT
35
102~103쪽

02 $6:x=3:5$에서 $3x=30$ $\quad\therefore x=10$

03 $x:12=5:(15-5)$에서 $10x=60$ $\quad\therefore x=6$

04 $10:x=(8-3):3$에서 $5x=30$ $\quad\therefore x=6$

05 $8:10=4:(x-4)$에서 $8x-32=40$
$8x=72$ $\quad\therefore x=9$

06 $12:8=(10-x):x$에서 $80-8x=12x$
$20x=80$ $\quad\therefore x=4$

08 $5:3=15:x$에서 $5x=45$ $\quad\therefore x=9$

09 $8:x=16:(16-4)$에서 $16x=96$ $\quad\therefore x=6$

10 $x:6=(3+9):9$에서 $9x=72$ $\quad\therefore x=8$

11 $6:3=(x+4):4$에서 $3x+12=24$
$3x=12$ $\quad\therefore x=4$

12 $8:5=(6+x):x$에서 $30+5x=8x$
$3x=30$ $\quad\therefore x=10$

ACT
36
104~105쪽

02 $x:4=(9-3):3$에서 $3x=24$ $\quad\therefore x=8$

03 $(x-6):6=4:8$에서 $8x-48=24$
$8x=72$ $\quad\therefore x=9$

05 $4:x=6:15$에서 $6x=60$ $\qquad \therefore x=10$

06 $3:(3+2)=4:x$에서 $3x=20$ $\qquad \therefore x=\dfrac{20}{3}$

07

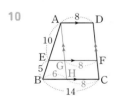

(1) △ABH에서 $6:(6+3)=\overline{EG}:6$
$\qquad 9\overline{EG}=36$ $\qquad \therefore \overline{EG}=4$

(2) $\overline{EF}=\overline{EG}+\overline{GF}=4+5=9$

08

(1) △ABH에서 $4:(4+6)=\overline{EG}:10$
$\qquad 10\overline{EG}=40$ $\qquad \therefore \overline{EG}=4$

(2) $\overline{EF}=\overline{EG}+\overline{GF}=4+10=14$

09

△ABH에서 $3:(3+6)=\overline{EG}:9$
$9\overline{EG}=27$ $\qquad \therefore \overline{EG}=3$
$\therefore \overline{EF}=\overline{EG}+\overline{GF}=3+4=7$

10

△ABH에서 $10:(10+5)=\overline{EG}:6$
$15\overline{EG}=60$ $\qquad \therefore \overline{EG}=4$
$\therefore \overline{EF}=\overline{EG}+\overline{GF}=4+8=12$

11

△ABH에서 $9:(9+6)=\overline{EG}:5$
$15\overline{EG}=45$ $\qquad \therefore \overline{EG}=3$
$\therefore \overline{EF}=\overline{EG}+\overline{GF}=3+10=13$

01 (1) △ABC에서 $2:(2+4)=\overline{EG}:12$
$\qquad 6\overline{EG}=24$ $\qquad \therefore \overline{EG}=4$

(2) △ACD에서 $4:(4+2)=\overline{GF}:6$
$\qquad 6\overline{GF}=24$ $\qquad \therefore \overline{GF}=4$

(3) $\overline{EF}=\overline{EG}+\overline{GF}=4+4=8$

02 (1) △ABC에서 $3:(3+6)=\overline{EG}:12$
$\qquad 9\overline{EG}=36$ $\qquad \therefore \overline{EG}=4$

(2) △ACD에서 $6:(6+3)=\overline{GF}:4$
$\qquad 9\overline{GF}=24$ $\qquad \therefore \overline{GF}=\dfrac{8}{3}$

(3) $\overline{EF}=\overline{EG}+\overline{GF}=4+\dfrac{8}{3}=\dfrac{20}{3}$

03

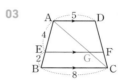

△ABC에서 $4:(4+2)=\overline{EG}:8$
$6\overline{EG}=32$ $\qquad \therefore \overline{EG}=\dfrac{16}{3}$

△ACD에서 $2:(2+4)=\overline{GF}:5$
$6\overline{GF}=10$ $\qquad \therefore \overline{GF}=\dfrac{5}{3}$

$\therefore \overline{EF}=\overline{EG}+\overline{GF}=\dfrac{16}{3}+\dfrac{5}{3}=7$

04

△ABC에서 $4:(4+3)=\overline{EG}:14$
$7\overline{EG}=56$ $\qquad \therefore \overline{EG}=8$

△ACD에서 $3:(3+4)=\overline{GF}:7$
$7\overline{GF}=21$ $\qquad \therefore \overline{GF}=3$

$\therefore \overline{EF}=\overline{EG}+\overline{GF}=8+3=11$

05

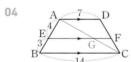

△ABC에서 $6:(6+4)=\overline{EG}:15$
$10\overline{EG}=90$ $\qquad \therefore \overline{EG}=9$

△ACD에서 $4:(4+6)=\overline{GF}:10$
$10\overline{GF}=40$ $\qquad \therefore \overline{GF}=4$

$\therefore \overline{EF}=\overline{EG}+\overline{GF}=9+4=13$

06 (3) $x:6=2:5$에서 $5x=12$ $\therefore x=\dfrac{12}{5}$

    (4) $y:8=2:5$에서 $5y=16$ $\therefore y=\dfrac{16}{5}$

07 (3) $x:5=2:3$에서 $3x=10$ $\therefore x=\dfrac{10}{3}$

    (4) $y:9=2:3$에서 $3y=18$ $\therefore y=6$

08 $\overline{AB}/\!/\overline{EF}/\!/\overline{DC}$이므로

    $\overline{BE}:\overline{ED}=2:3$ $\therefore \overline{BE}:\overline{BD}=2:5$

    $\triangle BCD$에서 $\overline{EF}:12=2:5$ $\therefore \overline{EF}=\dfrac{24}{5}$

09 $\overline{AB}/\!/\overline{EF}/\!/\overline{DC}$이므로

    $\overline{BE}:\overline{ED}=5:4$ $\therefore \overline{BE}:\overline{BD}=5:9$

    $\triangle BCD$에서 $\overline{EF}:12=5:9$ $\therefore \overline{EF}=\dfrac{20}{3}$

10 $\overline{AB}/\!/\overline{EF}/\!/\overline{DC}$이므로

    $\overline{BE}:\overline{ED}=2:3$ $\therefore \overline{BE}:\overline{BD}=2:5$

    $\triangle BCD$에서 $\overline{EF}:15=2:5$ $\therefore \overline{EF}=6$

---

11 □DBFE는 평행사변형이므로 $\overline{BF}=\overline{DE}=9$

    $\overline{BC}=2\overline{DE}=2\times9=18$이므로

    $x=\overline{BC}-\overline{BF}=18-9=9$

12 □DBFE는 평행사변형이므로 $\overline{BF}=\overline{DE}=6$

    $\overline{BC}=2\overline{DE}=2\times6=12$이므로

    $x=\overline{BC}-\overline{BF}=12-6=6$

13 $\triangle ABC$에서 $\overline{PM}=\dfrac{1}{2}\overline{BC}=\dfrac{1}{2}\times12=6$

    $\triangle ABD$에서 $\overline{PN}=\dfrac{1}{2}\overline{AD}=\dfrac{1}{2}\times8=4$

    $\therefore x=\overline{PM}-\overline{PN}=6-4=2$

14 $\triangle ABC$에서 $\overline{PM}=\dfrac{1}{2}\overline{BC}=\dfrac{1}{2}\times14=7$

    $\triangle ABD$에서 $\overline{PN}=\dfrac{1}{2}\overline{AD}=\dfrac{1}{2}\times20=10$

    $\therefore x=\overline{PN}-\overline{PM}=10-7=3$

ACT 39
110~111쪽

01 (1) $\triangle ABC$에서 $\overline{MP}=\dfrac{1}{2}\overline{BC}=\dfrac{1}{2}\times12=6$

    (2) $\triangle ACD$에서 $\overline{PN}=\dfrac{1}{2}\overline{AD}=\dfrac{1}{2}\times8=4$

    (3) $\overline{MN}=\overline{MP}+\overline{PN}=6+4=10$

02 (1) $\triangle ABC$에서 $\overline{MP}=\dfrac{1}{2}\overline{BC}=\dfrac{1}{2}\times10=5$

    (2) $\triangle ACD$에서 $\overline{PN}=\dfrac{1}{2}\overline{AD}=\dfrac{1}{2}\times6=3$

    (3) $\overline{MN}=\overline{MP}+\overline{PN}=5+3=8$

03

    $\triangle ABC$에서 $\overline{MP}=\dfrac{1}{2}\overline{BC}=\dfrac{1}{2}\times10=5$

    $\triangle ACD$에서 $\overline{PN}=\dfrac{1}{2}\overline{AD}=\dfrac{1}{2}\times4=2$

    $\therefore x=\overline{MP}+\overline{PN}=5+2=7$

04

    $\triangle ABC$에서 $\overline{MP}=\dfrac{1}{2}\overline{BC}=\dfrac{1}{2}\times18=9$

    $\therefore \overline{PN}=\overline{MN}-\overline{MP}=13-9=4$

    $\triangle ACD$에서 $x=2\overline{PN}=2\times4=8$

ACT 38
108~109쪽

01 $\overline{BC}=2\overline{MN}=2\times5=10$

02 $\overline{MN}=\dfrac{1}{2}\overline{BC}=\dfrac{1}{2}\times12=6$

03 $\overline{MN}/\!/\overline{BC}$이므로 $\angle x=60°$ $\therefore x=60$

05 $\overline{AN}=\overline{NC}$이므로 $x=2\overline{AN}=2\times4=8$

06 $\overline{MN}=\dfrac{1}{2}\overline{BC}=\dfrac{1}{2}\times16=8$

07 $\triangle ABC$에서 $\overline{BC}=2\overline{MN}=2\times7=14$

    $\therefore x=\overline{BC}-\overline{BQ}=14-3=11$

08 $\triangle AQC$에서 $\overline{QC}=2\overline{PN}=2\times2=4$

    $\therefore \overline{BQ}=\overline{BC}-\overline{QC}=10-4=6$

    $\triangle ABQ$에서 $x=\dfrac{1}{2}\overline{BQ}=\dfrac{1}{2}\times6=3$

    다른 풀이

    $\triangle ABC$에서 $\overline{MN}=\dfrac{1}{2}\overline{BC}=\dfrac{1}{2}\times10=5$

    $\therefore x=\overline{MN}-\overline{PN}=5-2=3$

10 $\triangle DBC$에서 $\overline{BC}=2\overline{PQ}=2\times5=10$

    $\triangle ABC$에서 $\overline{MN}=\dfrac{1}{2}\overline{BC}=\dfrac{1}{2}\times10=5$

    $\therefore x=\overline{MN}-\overline{MR}=5-4=1$

05

$\triangle ACD$에서 $\overline{PN}=\dfrac{1}{2}\overline{AD}=\dfrac{1}{2}\times6=3$

$\therefore \overline{MP}=\overline{MN}-\overline{PN}=9-3=6$

$\triangle ABC$에서 $x=2\overline{MP}=2\times6=12$

06 (1) $\triangle ABD$에서 $\overline{MP}=\dfrac{1}{2}\overline{AD}=\dfrac{1}{2}\times9=\dfrac{9}{2}$

(2) $\triangle ABC$에서 $\overline{MQ}=\dfrac{1}{2}\overline{BC}=\dfrac{1}{2}\times15=\dfrac{15}{2}$

(3) $\overline{PQ}=\overline{MQ}-\overline{MP}=\dfrac{15}{2}-\dfrac{9}{2}=3$

07 (1) $\triangle ABD$에서 $\overline{MP}=\dfrac{1}{2}\overline{AD}=\dfrac{1}{2}\times6=3$

(2) $\triangle ABC$에서 $\overline{MQ}=\dfrac{1}{2}\overline{BC}=\dfrac{1}{2}\times8=4$

(3) $\overline{PQ}=\overline{MQ}-\overline{MP}=4-3=1$

08 $\triangle ABD$에서 $\overline{MP}=\dfrac{1}{2}\overline{AD}=\dfrac{1}{2}\times5=\dfrac{5}{2}$

$\triangle ABC$에서 $\overline{MQ}=\dfrac{1}{2}\overline{BC}=\dfrac{1}{2}\times8=4$

$\therefore x=\overline{MQ}-\overline{MP}=4-\dfrac{5}{2}=\dfrac{3}{2}$

09 $\triangle ABD$에서 $\overline{MP}=\dfrac{1}{2}\overline{AD}=\dfrac{1}{2}\times8=4$

$\therefore \overline{MQ}=\overline{MP}+\overline{PQ}=4+2=6$

$\triangle ABC$에서 $x=2\overline{MQ}=2\times6=12$

10 $\triangle ABD$에서 $\overline{MP}=\dfrac{1}{2}\overline{AD}=\dfrac{1}{2}\times6=3$

$\overline{MP}=\overline{PQ}$이므로 $\overline{MQ}=2\times3=6$

$\triangle ABC$에서 $x=2\overline{MQ}=2\times6=12$

40 112~113쪽

02 ($\triangle DEF$의 둘레의 길이)$=\overline{DE}+\overline{EF}+\overline{DF}$

$=\dfrac{1}{2}\overline{AC}+\dfrac{1}{2}\overline{AB}+\dfrac{1}{2}\overline{BC}$

$=6+6+5=17$

03 ($\triangle DEF$의 둘레의 길이)$=\overline{DE}+\overline{EF}+\overline{DF}$

$=\dfrac{1}{2}\overline{AC}+\dfrac{1}{2}\overline{AB}+\dfrac{1}{2}\overline{BC}$

$=\dfrac{5}{2}+\dfrac{9}{2}+4=11$

04 ($\triangle DEF$의 둘레의 길이)$=\overline{DE}+\overline{EF}+\overline{DF}$

$=\dfrac{1}{2}\overline{AC}+\dfrac{1}{2}\overline{AB}+\dfrac{1}{2}\overline{BC}$

$=3+6+4=13$

05 ($\triangle DEF$의 둘레의 길이)$=\overline{DE}+\overline{EF}+\overline{DF}$

$=\dfrac{1}{2}\overline{AC}+\dfrac{1}{2}\overline{AB}+\dfrac{1}{2}\overline{BC}$

$=5+3+4=12$

07 $\triangle ABC$, $\triangle ACD$에서 $\overline{EF}=\overline{HG}=\dfrac{1}{2}\overline{AC}=\dfrac{1}{2}\times12=6$

$\triangle ABD$, $\triangle BCD$에서 $\overline{EH}=\overline{FG}=\dfrac{1}{2}\overline{BD}=\dfrac{1}{2}\times12=6$

따라서 □EFGH의 둘레의 길이는

$4\times6=24$

08 $\triangle ABC$, $\triangle ACD$에서 $\overline{EF}=\overline{HG}=\dfrac{1}{2}\overline{AC}=\dfrac{1}{2}\times8=4$

$\triangle ABD$, $\triangle BCD$에서 $\overline{EH}=\overline{FG}=\dfrac{1}{2}\overline{BD}=\dfrac{1}{2}\times10=5$

따라서 □EFGH의 둘레의 길이는

$2\times(4+5)=18$

09 $\triangle ABC$, $\triangle ACD$에서 $\overline{EF}=\overline{HG}=\dfrac{1}{2}\overline{AC}=\dfrac{1}{2}\times8=4$

$\triangle ABD$, $\triangle BCD$에서 $\overline{EH}=\overline{FG}=\dfrac{1}{2}\overline{BD}=\dfrac{1}{2}\times8=4$

따라서 □EFGH의 둘레의 길이는

$4\times4=16$

10 $\triangle ABC$, $\triangle ACD$에서 $\overline{EF}=\overline{HG}=\dfrac{1}{2}\overline{AC}=\dfrac{1}{2}\times9=\dfrac{9}{2}$

$\triangle ABD$, $\triangle BCD$에서 $\overline{EH}=\overline{FG}=\dfrac{1}{2}\overline{BD}=\dfrac{1}{2}\times12=6$

따라서 □EFGH의 둘레의 길이는

$2\times\left(\dfrac{9}{2}+6\right)=21$

41 114~115쪽

02 $\triangle BGE$에서 $\overline{EG}=2\overline{DC}=2\times5=10$

$\therefore x=\overline{EG}-\overline{EF}=10-3=7$

03 $\triangle AEC$에서 $\overline{DF}\,/\!/\,\overline{EC}$

$\overline{EC}=2\overline{DF}=2\times5=10$

$\triangle BGD$에서 $\overline{DG}=2\overline{EC}=2\times10=20$

$\therefore x=\overline{DG}-\overline{DF}=20-5=15$

04 $\triangle ADG$에서 $\overline{DG}=2\overline{EF}=2\times2=4$

$\triangle BCF$에서 $\overline{BF}=2\overline{DG}=2\times4=8$

$\therefore x=\overline{BF}-\overline{EF}=8-2=6$

05 $\triangle$ADG에서 $\overline{EF}=\frac{1}{2}\overline{DG}=\frac{1}{2}\times12=6$

$\triangle$BCF에서 $\overline{BF}=2\overline{DG}=2\times12=24$

$\therefore x=\overline{BF}-\overline{EF}=24-6=18$

06 $\triangle$ABF에서 $\overline{DE}/\!/\overline{BF}$이므로

$\triangle$CED에서 $\overline{DE}=2\overline{GF}=2\times3=6$

$\triangle$ABF에서 $\overline{BF}=2\overline{DE}=2\times6=12$

$\therefore x=\overline{BF}-\overline{GF}=12-3=9$

08 $\triangle$ABC에서 $\overline{BC}=2\overline{MN}=2\times3=6$

$\triangle$MND≡$\triangle$ECD (ASA 합동)이므로 $\overline{CE}=\overline{MN}=3$

$\therefore x=\overline{BC}+\overline{CE}=6+3=9$

09 $\triangle$MND≡$\triangle$ECD (ASA 합동)이므로 $\overline{MN}=\overline{CE}=5$

$\triangle$ABC에서 $x=2\overline{MN}=2\times5=10$

10 $\triangle$MND≡$\triangle$ECD (ASA 합동)이므로 $\overline{ND}=\overline{CD}=2$

$\triangle$ABC에서 $\overline{AN}=\overline{NC}=\overline{ND}+\overline{CD}=2+2=4$

$\therefore x=\overline{AN}+\overline{ND}=4+2=6$

11

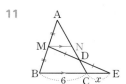

$\overline{MN}/\!/\overline{BE}$가 되도록 $\overline{MN}$을 그으면

$\triangle$ABC에서 $\overline{MN}=\frac{1}{2}\overline{BC}=\frac{1}{2}\times6=3$

$\triangle$MND≡$\triangle$ECD (ASA 합동)이므로 $x=\overline{MN}=3$

12

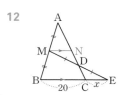

$\overline{MN}/\!/\overline{BE}$가 되도록 $\overline{MN}$을 그으면

$\triangle$ABC에서 $\overline{MN}=\frac{1}{2}\overline{BC}=\frac{1}{2}\times20=10$

$\triangle$MND≡$\triangle$ECD (ASA 합동)이므로 $x=\overline{MN}=10$

ACT 42 118~119쪽

01 $\triangle$ABD$=\frac{1}{2}\triangle$ABC$=\frac{1}{2}\times24=12$ (cm²)

02 $\triangle$ABE$=\frac{1}{2}\triangle$ABD$=\frac{1}{2}\times12=6$ (cm²)

03 $\triangle$BEF$=\frac{1}{3}\triangle$ABD$=\frac{1}{3}\times12=4$ (cm²)

04 $\triangle$ADC$=\triangle$ABD$=9$ cm²

05 $\triangle$ABC$=2\triangle$ABD$=2\times9=18$ (cm²)

06 $\triangle$CEF$=\frac{1}{3}\triangle$ADC$=\frac{1}{3}\times9=3$ (cm²)

07 $x=2\overline{DG}=2\times3=6$

08 $x=\frac{1}{2}\overline{BG}=\frac{1}{2}\times9=\frac{9}{2}$

09 $x=\frac{3}{2}\overline{CG}=\frac{3}{2}\times8=12$

10 $x=\frac{1}{2}\overline{AG}=\frac{1}{2}\times8=4$

$y=3\overline{DG}=3\times5=15$

11 $x=\frac{1}{2}\overline{BC}=\frac{1}{2}\times14=7$

$y=\frac{1}{2}\overline{AG}=\frac{1}{2}\times10=5$

12 직각삼각형에서 빗변의 중점은 외심이므로

$\overline{AD}=\overline{BD}=\overline{CD}=\frac{1}{2}\times12=6$ $\therefore x=6$

$y=\frac{2}{3}\overline{CD}=\frac{2}{3}\times6=4$

ACT 43 120~121쪽

01 $\triangle$BCG$=\frac{1}{3}\triangle$ABC$=\frac{1}{3}\times24=8$ (cm²)

02 $\triangle$BDG$=\frac{1}{6}\triangle$ABC$=\frac{1}{6}\times24=4$ (cm²)

03 $\triangle$BGF$=\frac{1}{6}\triangle$ABC$=\frac{1}{6}\times24=4$ (cm²)

04 $\square$BDGF$=\triangle$GBD$+\triangle$GBF

$=\frac{1}{6}\triangle$ABC$+\frac{1}{6}\triangle$ABC

$=\frac{1}{3}\triangle$ABC$=\frac{1}{3}\times24=8$ (cm²)

05 $\triangle$AFG$+\triangle$GCD$=\frac{1}{6}\triangle$ABC$+\frac{1}{6}\triangle$ABC

$=\frac{1}{3}\triangle$ABC$=\frac{1}{3}\times24=8$ (cm²)

06 $\triangle$AGE$+\triangle$BGF$+\triangle$CDG

$=\frac{1}{6}\triangle$ABC$+\frac{1}{6}\triangle$ABC$+\frac{1}{6}\triangle$ABC

$=\frac{1}{2}\triangle$ABC$=\frac{1}{2}\times24=12$ (cm²)

07 $\triangle ABG = 2\triangle AEG = 2 \times 3 = 6$ (cm²)

08 $\triangle BDG = \triangle AEG = 3$ cm²

09 $\square GDCE = 2\triangle AEG = 2 \times 3 = 6$ (cm²)

10 $\triangle ABC = 6\triangle AEG = 6 \times 3 = 18$ (cm²)

11 $\triangle AGD = \dfrac{1}{2}\triangle AGC = \dfrac{1}{2} \times \left(\dfrac{1}{3}\triangle ABC\right)$
$= \dfrac{1}{6}\triangle ABC = \dfrac{1}{6} \times 18 = 3$ (cm²)

12 $\triangle ABG + \square GDCE$
$= \dfrac{1}{3}\triangle ABC + \dfrac{1}{3}\triangle ABC$
$= \dfrac{2}{3}\triangle ABC = \dfrac{2}{3} \times 18 = 12$ (cm²)

13 $\square ADGE = \triangle ADG + \triangle AEG$
$= \dfrac{1}{2}\triangle ABG + \dfrac{1}{2}\triangle ACG$
$= \dfrac{1}{2} \times \left(\dfrac{1}{3}\triangle ABC\right) + \dfrac{1}{2} \times \left(\dfrac{1}{3}\triangle ABC\right)$
$= \dfrac{1}{6}\triangle ABC + \dfrac{1}{6}\triangle ABC$
$= \dfrac{1}{3}\triangle ABC = \dfrac{1}{3} \times 18 = 6$ (cm²)

14 $\triangle EDG = \dfrac{1}{2}\triangle GBD = \dfrac{1}{2} \times \left(\dfrac{1}{6}\triangle ABC\right)$
$= \dfrac{1}{12}\triangle ABC = \dfrac{1}{12} \times 18 = \dfrac{3}{2}$ (cm²)

ACT+ 44 　　　　　　　122~123쪽

02 $\triangle GBC$에서 $\overline{GD} = 3\overline{G'D} = 3 \times 3 = 9$
$\triangle ABC$에서 $x = 3\overline{GD} = 3 \times 9 = 27$

03 $\triangle ABC$에서 $\overline{GD} = \dfrac{1}{3}\overline{AD} = \dfrac{1}{3} \times 24 = 8$
$\triangle GBC$에서 $x = \dfrac{2}{3}\overline{GD} = \dfrac{2}{3} \times 8 = \dfrac{16}{3}$

04 $\triangle GBC$에서 $\overline{GD} = \dfrac{3}{2}\overline{GG'} = \dfrac{3}{2} \times 6 = 9$
$\triangle ABC$에서 $x = 2\overline{GD} = 2 \times 9 = 18$

05 $\triangle GBC$에서 $\overline{GD} = \dfrac{3}{2}\overline{GG'} = \dfrac{3}{2} \times 4 = 6$
$\triangle ABC$에서 $x = 3\overline{GD} = 3 \times 6 = 18$

06 $\triangle G'BC = \dfrac{1}{3}\triangle GBC = \dfrac{1}{3} \times \left(\dfrac{1}{3}\triangle ABC\right)$
$= \dfrac{1}{9}\triangle ABC = \dfrac{1}{9} \times 18 = 2$ (cm²)

08 점 G가 $\triangle ABC$의 무게중심이므로 $\overline{AE} = \overline{EB}$
$\triangle ABD$에서 $\overline{AD} /\!/ \overline{EF}$이므로 $\overline{AD} = 2\overline{EF} = 2 \times 9 = 18$
$\therefore x = \dfrac{1}{3}\overline{AD} = \dfrac{1}{3} \times 18 = 6$

09 점 G가 $\triangle ABC$의 무게중심이므로
$\overline{BD} = \overline{DC}$이고 $\overline{BE} = \dfrac{3}{2}\overline{BG} = \dfrac{3}{2} \times 4 = 6$
$\triangle BCE$에서 $\overline{BE} /\!/ \overline{DF}$이므로 $\overline{DF} = \dfrac{1}{2}\overline{BE} = \dfrac{1}{2} \times 6 = 3$

11 점 G가 $\triangle ABC$의 무게중심이므로
$\triangle ABD$에서 $\overline{AE} : \overline{EB} = 2 : 1$
$8 : x = 2 : 1$
$2x = 8$　　$\therefore x = 4$

12 점 G가 $\triangle ABC$의 무게중심이므로
$\overline{BD} = \dfrac{1}{2}\overline{BC} = \dfrac{1}{2} \times 12 = 6$
$\triangle ABD$에서 $\overline{EG} : \overline{BD} = 2 : 3$
$x : 6 = 2 : 3$
$3x = 12$　　$\therefore x = 4$

ACT+ 45 　　　　　　　124~125쪽

02 점 O는 두 대각선의 교점이므로
$\overline{BO} = \dfrac{1}{2}\overline{BD} = \dfrac{1}{2} \times 18 = 9$
점 P는 $\triangle ABC$의 무게중심이므로
$x = \dfrac{2}{3}\overline{BO} = \dfrac{2}{3} \times 9 = 6$

　다른 풀이　
$x = \dfrac{1}{3}\overline{BD} = \dfrac{1}{3} \times 18 = 6$

03 점 P는 $\triangle ABC$의 무게중심이므로
$\overline{BO} = \dfrac{3}{2}\overline{BP} = \dfrac{3}{2} \times 4 = 6$
점 O는 두 대각선의 교점이므로
$x = 2\overline{BO} = 2 \times 6 = 12$

　다른 풀이　
$x = 3\overline{BP} = 3 \times 4 = 12$

04 점 P는 $\triangle ABC$의 무게중심이므로
$\overline{BO} = 3\overline{PO} = 3 \times 5 = 15$
점 O는 두 대각선의 교점이므로
$x = 2\overline{BO} = 2 \times 15 = 30$

05 두 점 P, Q는 각각 $\triangle ABC$, $\triangle ACD$의 무게중심이므로

$x=\overline{BP}+\overline{PO}+\overline{OQ}+\overline{QD}$

$\quad=2\overline{PO}+\overline{PO}+\overline{OQ}+2\overline{OQ}$

$\quad=3(\overline{PO}+\overline{OQ})$

$\quad=3\overline{PQ}=3\times6=18$

> **다른 풀이**
>
> $x=3\overline{PQ}=3\times6=18$

07 $\triangle ABP=\dfrac{1}{3}\triangle ABC$

$\quad\quad\quad=\dfrac{1}{3}\times\left(\dfrac{1}{2}\square ABCD\right)$

$\quad\quad\quad=\dfrac{1}{6}\square ABCD=\dfrac{1}{6}\times48=8\ (cm^2)$

08 $\triangle DQM=\dfrac{1}{6}\triangle ACD$

$\quad\quad\quad=\dfrac{1}{6}\times\left(\dfrac{1}{2}\square ABCD\right)$

$\quad\quad\quad=\dfrac{1}{12}\square ABCD=\dfrac{1}{12}\times48=4\ (cm^2)$

09 $\triangle AQD=\dfrac{1}{3}\triangle ACD$

$\quad\quad\quad=\dfrac{1}{3}\times\left(\dfrac{1}{2}\square ABCD\right)$

$\quad\quad\quad=\dfrac{1}{6}\square ABCD=\dfrac{1}{6}\times48=8\ (cm^2)$

10 $\triangle APQ=\dfrac{1}{3}\triangle ABD$

$\quad\quad\quad=\dfrac{1}{3}\times\left(\dfrac{1}{2}\square ABCD\right)$

$\quad\quad\quad=\dfrac{1}{6}\square ABCD=\dfrac{1}{6}\times48=8\ (cm^2)$

TEST 04

126~127쪽

01 $6:3=x:4$에서 $3x=24$ $\quad\therefore x=8$

$6:(6+3)=8:y$에서 $6y=72$ $\quad\therefore y=12$

$\therefore x+y=8+12=20$

02 $9:6=15:x$에서 $9x=90$ $\quad\therefore x=10$

$9:6=12:(y-12)$에서 $9y-108=72$

$9y=180$ $\quad\therefore y=20$

$\therefore x+y=10+20=30$

03 ① $6:3=4:2$이므로 $\overline{BC}\,/\!/\,\overline{DE}$

② $12:8=9:6$이므로 $\overline{BC}\,/\!/\,\overline{DE}$

③ $9:3=6:2$이므로 $\overline{BC}\,/\!/\,\overline{DE}$

④ $6:2\neq7:3$이므로 $\overline{BC}$와 $\overline{DE}$는 평행하지 않다.

⑤ $6:15=4:10$이므로 $\overline{BC}\,/\!/\,\overline{DE}$

따라서 $\overline{BC}\,/\!/\,\overline{DE}$가 아닌 것은 ④이다.

04 $\overline{CD}=x$ cm라고 하면

$6:8=(7-x):x$에서 $6x=56-8x$

$14x=56$ $\quad\therefore x=4$, 즉 $\overline{CD}=4$ cm

05 $\overline{BC}=x$ cm라고 하면

$6:4=(x+8):8$에서 $4x+32=48$

$4x=16$ $\quad\therefore x=4$, 즉 $\overline{BC}=4$ cm

06 $\overline{BE}:\overline{ED}=3:2$이므로 $\overline{BE}:\overline{BD}=3:5$

$\triangle BCD$에서 $\overline{EF}:10=3:5$

$5\overline{EF}=30$ $\quad\therefore \overline{EF}=6$

07 $\triangle ABD$에서

$\overline{MP}=\dfrac{1}{2}\overline{AD}=\dfrac{1}{2}\times8=4\ (cm)$

$\triangle ABC$에서

$\overline{MQ}=\dfrac{1}{2}\overline{BC}=\dfrac{1}{2}\times14=7\ (cm)$

$\therefore \overline{PQ}=\overline{MQ}-\overline{MP}=7-4=3\ (cm)$

08 $(\triangle DEF$의 둘레의 길이$)$

$=\dfrac{1}{2}(\triangle ABC$의 둘레의 길이$)$

$=\dfrac{1}{2}\times24=12\ (cm)$

09 $\triangle ABC$, $\triangle ACD$에서

$\overline{FG}=\overline{EH}=\dfrac{1}{2}\overline{AC}=\dfrac{1}{2}\times8=4\ (cm)$

$\triangle ABD$, $\triangle BCD$에서

$\overline{FE}=\overline{GH}=\dfrac{1}{2}\overline{BD}=\dfrac{1}{2}\times8=4\ (cm)$

따라서 $\square EFGH$의 둘레의 길이는

$4\times4=16\ (cm)$

10 $\triangle AGD$에서

$\overline{FE}=\dfrac{1}{2}\overline{GD}=\dfrac{1}{2}\times8=4\ (cm)$

$\triangle BCF$에서

$\overline{FC}=2\overline{GD}=2\times8=16\ (cm)$

$\therefore \overline{CE}=\overline{FC}-\overline{FE}=16-4=12\ (cm)$

11 $\triangle ABE=\dfrac{1}{2}\triangle ABD$

$\quad\quad\quad=\dfrac{1}{2}\times\left(\dfrac{1}{2}\triangle ABC\right)$

$\quad\quad\quad=\dfrac{1}{4}\triangle ABC$

$\quad\quad\quad=\dfrac{1}{4}\times32=8\ (cm^2)$

12 $x=\overline{DC}=6$, $y=\dfrac{2}{3}\overline{BE}=\dfrac{2}{3}\times9=6$

$\therefore x+y=6+6=12$

13 $\triangle ABC=6\triangle GBD=6\times6=36\ (cm^2)$

14 $\triangle ABC$에서 $\overline{GD}=\dfrac{1}{3}\overline{AD}=\dfrac{1}{3}\times12=4\ (cm)$

$\triangle GBC$에서 $\overline{GG'}=\dfrac{2}{3}\overline{GD}=\dfrac{2}{3}\times4=\dfrac{8}{3}\ (cm)$

15 $\overline{BD}=3\overline{PQ}=3\times8=24\ (cm)$

Chapter Ⅳ 피타고라스 정리

ACT 46   132~133쪽

04 $x^2=12^2+9^2=225$ $\therefore x=15$ ($\because x>0$)

05 $x^2+6^2=10^2$이므로
$x^2=64$ $\therefore x=8$ ($\because x>0$)

06 $15^2+x^2=17^2$이므로
$x^2=64$ $\therefore x=8$ ($\because x>0$)

07 $5^2+x^2=13^2$이므로
$x^2=144$ $\therefore x=12$ ($\because x>0$)

08 $12^2+x^2=15^2$이므로
$x^2=81$ $\therefore x=9$ ($\because x>0$)

10 $\triangle$ABD에서 $15^2+x^2=17^2$이므로
$x^2=64$ $\therefore x=8$ ($\because x>0$)
$\triangle$ADC에서 $y^2=8^2+6^2=100$
$\therefore y=10$ ($\because y>0$)

11 $\triangle$ABD에서 $9^2+x^2=15^2$이므로
$x^2=144$ $\therefore x=12$ ($\because x>0$)
$\triangle$ADC에서 $y^2=12^2+5^2=169$
$\therefore y=13$ ($\because y>0$)

13 $\triangle$ABC에서 $(7+9)^2+x^2=20^2$이므로
$x^2=144$ $\therefore x=12$ ($\because x>0$)
$\triangle$ADC에서 $y^2=9^2+12^2=225$
$\therefore y=15$ ($\because y>0$)

14 $\triangle$ADC에서 $6^2+x^2=10^2$이므로
$x^2=64$ $\therefore x=8$ ($\because x>0$)
$\triangle$ABC에서 $y^2=(9+6)^2+8^2=289$
$\therefore y=17$ ($\because y>0$)

ACT+ 47   134~135쪽

01 $\overline{AC}^2=6^2+8^2=100$ $\therefore \overline{AC}=10$ ($\because \overline{AC}>0$)

02 $15^2+\overline{CD}^2=17^2$이므로
$\overline{CD}^2=64$ $\therefore \overline{CD}=8$ ($\because \overline{CD}>0$)
$\therefore \square$ABCD$=15\times8=120$

03 $\square$BEFD$=\overline{BD}^2=7^2+4^2=65$

05 $\triangle$ABC에서 $\overline{AC}^2=3^2+4^2=25$
$\therefore \overline{AC}=5$ ($\because \overline{AC}>0$)
$\triangle$ACD에서 $x^2=5^2+12^2=169$
$\therefore x=13$ ($\because x>0$)

07 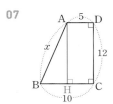

$\overline{AH}$를 그으면 $\overline{HC}=\overline{AD}=5$이므로
$\overline{BH}=\overline{BC}-\overline{HC}=10-5=5$
$\triangle$ABH에서 $\overline{AH}=\overline{DC}=12$이므로
$x^2=5^2+12^2=169$ $\therefore x=13$ ($\because x>0$)

08 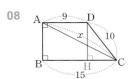

$\overline{DH}$를 그으면 $\overline{BH}=\overline{AD}=9$이므로
$\overline{HC}=\overline{BC}-\overline{BH}=15-9=6$
$\triangle$DHC에서 $6^2+\overline{DH}^2=10^2$이므로
$\overline{DH}^2=64$ $\therefore \overline{DH}=8$ ($\because \overline{DH}>0$)
$\triangle$ABC에서 $\overline{AB}=\overline{DH}=8$이므로
$x^2=15^2+8^2=289$ $\therefore x=17$ ($\because x>0$)

10 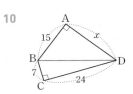

$\overline{BD}$를 그으면
$\triangle$BCD에서 $\overline{BD}^2=7^2+24^2=625$
$\triangle$ABD에서 $15^2+x^2=625$이므로
$x^2=400$ $\therefore x=20$ ($\because x>0$)

12 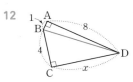

$\overline{BD}$를 그으면
$\triangle$ABD에서 $\overline{BD}^2=1^2+8^2=65$
$\triangle$BCD에서 $x^2+4^2=65$이므로
$x^2=49$ $\therefore x=7$ ($\because x>0$)

03 □AIHC=□BFGC-□ADEB
=84-51=33 (cm²)

04 □AIHB=□CBGF-□ADEC
=98-42=56 (cm²)

06 □AIHC=□BFGC-□ADEB
=41-16=25 (cm²)
따라서 □AIHC의 한 변의 길이는 5 cm이다.

07 □BFGC=□ACHI+□ADEB
=28+72=100 (cm²)
따라서 □BFGC의 한 변의 길이는 10 cm이다.

09 △ABC에서 $\overline{AC}^2+8^2=10^2$이므로
$\overline{AC}^2=36$ ∴ $\overline{AC}=6$ (∵ $\overline{AC}>0$)
∴ □ACHI=$6^2=36$ (cm²)
다른 풀이
□ABED=$8^2=64$ (cm²), □BFGC=$10^2=100$ (cm²)
□ACHI+□ABED=□BFGC이므로
□ACHI+64=100
∴ □ACHI=100-64=36 (cm²)

10 △LFM=$\frac{1}{2}$□BFML=$\frac{1}{2}$□ADEB
=$\frac{1}{2}×20^2=200$ (cm²)

01 (1) $\overline{AE}=\overline{DH}=3$
△AEH에서 $\overline{EH}^2=3^2+4^2=25$
∴ $\overline{EH}=5$ (∵ $\overline{EH}>0$)
$\overline{EH}=\overline{EF}=\overline{FG}=\overline{GH}=5$이므로
(□EFGH의 둘레의 길이)=$4×5=20$
(2) △AEH≡△BFE≡△CGF≡△DHG (SAS 합동)이고
∠AEH+∠AHE=∠AEH+∠BEF=90°이므로
∠HEF=180°-(∠AEH+∠BEF)=90°
따라서 □EFGH는 한 변의 길이가 5인 정사각형이므로
그 넓이는 $5^2=25$이다.

02 (1) $\overline{AE}=\overline{DH}=8$
△AEH에서 $\overline{EH}^2=8^2+15^2=289$
∴ $\overline{EH}=17$ (∵ $\overline{EH}>0$)

$\overline{EH}=\overline{EF}=\overline{FG}=\overline{GH}=17$이므로
(□EFGH의 둘레의 길이)=$4×17=68$
(2) □EFGH는 한 변의 길이가 17인 정사각형이므로 그 넓이는 $17^2=289$이다.

03 □EFGH는 정사각형이므로 $\overline{EH}^2=20$
△AEH에서 $\overline{AE}^2+2^2=20$이므로
$\overline{AE}^2=16$ ∴ $\overline{AE}=4$ (∵ $\overline{AE}>0$)
$\overline{AD}=\overline{AH}+\overline{HD}=\overline{AH}+\overline{AE}=2+4=6$
∴ □ABCD=$\overline{AD}^2=6^2=36$

04 □EFGH는 정사각형이므로 $\overline{EH}^2=74$
△AEH에서 $\overline{AH}^2+5^2=74$이므로
$\overline{AH}^2=49$ ∴ $\overline{AH}=7$ (∵ $\overline{AH}>0$)
$\overline{AB}=\overline{AE}+\overline{EB}=\overline{AE}+\overline{AH}=5+7=12$
∴ □ABCD=$\overline{AB}^2=12^2=144$

05 □EFGH는 정사각형이므로 $\overline{HG}^2=100$
△HGD에서 $\overline{DG}^2+6^2=100$이므로
$\overline{DG}^2=64$ ∴ $\overline{DG}=8$ (∵ $\overline{DG}>0$)
$\overline{AD}=\overline{AH}+\overline{HD}=\overline{DG}+\overline{HD}=8+6=14$
∴ □ABCD=$\overline{AD}^2=14^2=196$

06 (1) △BCP에서 $\overline{PB}^2+12^2=15^2$이므로
$\overline{PB}^2=81$ ∴ $\overline{PB}=9$ (∵ $\overline{PB}>0$)
$\overline{QC}=\overline{PB}=9$이므로
$\overline{PQ}=\overline{PC}-\overline{QC}=12-9=3$
(2) □PQRS=$\overline{PQ}^2=3^2=9$

07 (1) △ABQ에서 $\overline{AQ}^2+8^2=17^2$이므로
$\overline{AQ}^2=225$ ∴ $\overline{AQ}=15$ (∵ $\overline{AQ}>0$)
$\overline{BR}=\overline{AQ}=15$이므로
$\overline{QR}=\overline{BR}-\overline{BQ}=15-8=7$
(2) □PQRS=$\overline{QR}^2=7^2=49$

08 (1) $\overline{CA}=\overline{DE}=5$이므로
△ABC에서 $\overline{AB}^2=5^2+12^2=169$
∴ $\overline{AB}=13$ (∵ $\overline{AB}>0$)
(2) $\overline{AE}=\overline{AB}=13$이고
∠CAB+∠DAE=∠CAB+∠CBA=90°이므로
∠BAE=180°-(∠CAB+∠DAE)
=180°-90°=90°
∴ △ABE=$\frac{1}{2}×13×13=\frac{169}{2}$

09 (1) $\overline{CA}=\overline{DE}=15$이므로
△ABC에서 $\overline{AB}^2=15^2+8^2=289$
∴ $\overline{AB}=17$ (∵ $\overline{AB}>0$)
(2) $\overline{AE}=\overline{AB}=17$이고 ∠BAE=90°이므로
△ABE=$\frac{1}{2}×17×17=\frac{289}{2}$

ACT 50

140~141쪽

01 $4^2+5^2\neq7^2$이므로 직각삼각형이 아니다.

02 $6^2+8^2=10^2$이므로 직각삼각형이다.

03 $15^2+8^2\neq16^2$이므로 직각삼각형이 아니다.

04 $12^2+5^2=13^2$이므로 직각삼각형이다.

05 $3^2+4^2=5^2$이므로 직각삼각형이다.

06 $2^2+5^2\neq6^2$이므로 직각삼각형이 아니다.

07 $4^2+7^2\neq9^2$이므로 직각삼각형이 아니다.

08 $8^2+15^2=17^2$이므로 직각삼각형이다.

09 $9^2+10^2\neq13^2$이므로 직각삼각형이 아니다.

11 $14^2<10^2+12^2$이므로 예각삼각형이다.

12 $10^2<8^2+9^2$이므로 예각삼각형이다.

13 $11^2>7^2+5^2$이므로 둔각삼각형이다.

14 $20^2=12^2+16^2$이므로 직각삼각형이다.

16 x가 가장 긴 변의 길이이므로
$4<x<3+4$, 즉 $4<x<7$ …… ㉠
둔각삼각형이 되려면
$x^2>3^2+4^2$ ∴ $x^2>25$ …… ㉡
㉠, ㉡에 의해 자연수 x의 값은 6이다.

17 x가 가장 긴 변의 길이이므로
$12<x<9+12$, 즉 $12<x<21$ …… ㉠
예각삼각형이 되려면
$x^2<9^2+12^2$ ∴ $x^2<225$ …… ㉡
㉠, ㉡에 의해 자연수 x의 값은 13, 14이다.

ACT 51

142~143쪽

01 $15^2=9x$ ∴ $x=25$
$y^2+15^2=25^2$이므로
$y^2=625-225=400$
∴ $y=20$ $(\because y>0)$

02 $x^2=3^2+4^2=25$ ∴ $x=5$ $(\because x>0)$
$3\times4=5\times y$이므로 $y=\dfrac{12}{5}$

03 $y^2+8^2=17^2$이므로
$y^2=225$ ∴ $y=15$ $(\because y>0)$
$17\times x=15\times8$이므로 $x=\dfrac{120}{17}$

05 $\overline{DE}^2+\overline{BC}^2=\overline{BE}^2+\overline{CD}^2$이므로
$8^2+x^2=10^2+12^2$ ∴ $x^2=180$

06 $\overline{DE}^2+\overline{BC}^2=\overline{BE}^2+\overline{CD}^2$이므로
$x^2+13^2=9^2+11^2$ ∴ $x^2=33$

08 $\overline{AB}^2+\overline{CD}^2=\overline{AD}^2+\overline{BC}^2$이므로
$4^2+9^2=8^2+x^2$ ∴ $x^2=33$

09 $\overline{AB}^2+\overline{CD}^2=\overline{AD}^2+\overline{BC}^2$이므로
$6^2+6^2=3^2+x^2$ ∴ $x^2=63$

11 $\overline{AP}^2+\overline{CP}^2=\overline{BP}^2+\overline{DP}^2$이므로
$7^2+7^2=x^2+6^2$ ∴ $x^2=62$

12 $\overline{AP}^2+\overline{CP}^2=\overline{BP}^2+\overline{DP}^2$이므로
$8^2+x^2=3^2+10^2$ ∴ $x^2=45$

ACT 52

144~145쪽

02 (색칠한 부분의 넓이)$=11\pi+32\pi=43\pi$

03 (색칠한 부분의 넓이)$=21\pi-8\pi=13\pi$

05 지름의 길이가 6인 반원의 넓이는
$\dfrac{1}{2}\times\pi\times3^2=\dfrac{9}{2}\pi$
∴ (색칠한 부분의 넓이)$=18\pi+\dfrac{9}{2}\pi=\dfrac{45}{2}\pi$

06 지름의 길이가 16인 반원의 넓이는
$\dfrac{1}{2}\times\pi\times8^2=32\pi$
∴ (색칠한 부분의 넓이)$=49\pi-32\pi=17\pi$

08 (색칠한 부분의 넓이)$=8+10=18$ (cm^2)

09 (색칠한 부분의 넓이)$=15-9=6$ (cm^2)

10 (색칠한 부분의 넓이)$=32-13=19$ (cm^2)

12 $\overline{AC}^2+5^2=13^2$이므로

$\overline{AC}^2=144$ ∴ $\overline{AC}=12$ ($\because \overline{AC}>0$)

∴ (색칠한 부분의 넓이)

$=\triangle ABC$

$=\dfrac{1}{2}\times12\times5=30$ (cm²)

13 $\overline{AB}^2+8^2=17^2$이므로

$\overline{AB}^2=225$ ∴ $\overline{AB}=15$ ($\because \overline{AB}>0$)

∴ (색칠한 부분의 넓이)

$=\triangle ABC$

$=\dfrac{1}{2}\times15\times8=60$ (cm²)

TEST 05

146~147쪽

01 $x^2+9^2=15^2$이므로

$x^2=144$ ∴ $x=12$ ($\because x>0$)

02 $\triangle ADC$에서 $\overline{AD}^2+15^2=17^2$이므로

$\overline{AD}^2=64$ ∴ $\overline{AD}=8$ ($\because \overline{AD}>0$)

$\triangle ABD$에서 $x^2+8^2=10^2$이므로

$x^2=36$ ∴ $x=6$ ($\because x>0$)

03 $\triangle ADC$에서 $5^2+\overline{AC}^2=13^2$이므로

$\overline{AC}^2=144$ ∴ $\overline{AC}=12$ ($\because \overline{AC}>0$)

$\triangle ABC$에서 $x^2=(11+5)^2+12^2=400$

∴ $x=20$ ($\because x>0$)

04 $\triangle ABC$에서 $\overline{AC}^2=9^2+12^2=225$

∴ $\overline{AC}=15$ ($\because \overline{AC}>0$)

$\triangle ACD$에서 $x^2=15^2+8^2=289$

∴ $x=17$ ($\because x>0$)

05 $\overline{AB}^2+6^2=10^2$이므로

$\overline{AB}^2=64$ ∴ $\overline{AB}=8$ ($\because \overline{AB}>0$)

∴ $\triangle BFM=\dfrac{1}{2}\square BFML$

$=\dfrac{1}{2}\square ADEB$

$=\dfrac{1}{2}\times8^2=32$ (cm²)

06 $\square EFGH$는 정사각형이므로 $\overline{EH}^2=289$

$\triangle AEH$에서 $\overline{AE}^2+8^2=289$이므로

$\overline{AE}^2=225$ ∴ $\overline{AE}=15$ ($\because \overline{AE}>0$)

$\overline{AD}=\overline{AH}+\overline{HD}=\overline{AH}+\overline{AE}=8+15=23$

∴ $\square ABCD=\overline{AD}^2=23^2=529$

07 ① $3^2+6^2\neq7^2$이므로 직각삼각형이 아니다.

② $3^2+7^2\neq9^2$이므로 직각삼각형이 아니다.

③ $6^2+8^2=10^2$이므로 직각삼각형이다.

④ $8^2+9^2\neq12^2$이므로 직각삼각형이 아니다.

⑤ $8^2+14^2\neq17^2$이므로 직각삼각형이 아니다.

따라서 직각삼각형인 것은 ③이다.

08 ㉠ $3^2<2^2+3^2$ ㉢ $10^2<5^2+9^2$

따라서 예각삼각형은 ㉠, ㉢이다.

09 ㉡ $11^2>4^2+8^2$ ㉣ $11^2>6^2+8^2$

㉥ $13^2>7^2+9^2$

따라서 둔각삼각형은 ㉡, ㉣, ㉥이다.

10 x가 가장 긴 변의 길이이므로

$15<x<8+15$, 즉 $15<x<23$ …… ㉠

둔각삼각형이 되려면

$x^2>8^2+15^2$ ∴ $x^2>289$ …… ㉡

㉠, ㉡에 의해 자연수 x는 18, 19, 20, 21, 22의 5개이다.

11 $\overline{BC}^2=5^2+12^2=169$

∴ $\overline{BC}=13$ ($\because \overline{BC}>0$)

$5\times12=13\times x$이므로 $x=\dfrac{60}{13}$

12 $\overline{DE}^2+\overline{BC}^2=\overline{BE}^2+\overline{CD}^2$이므로

$3^2+x^2=5^2+4^2$ ∴ $x^2=32$

13 $\overline{AB}^2+\overline{CD}^2=\overline{AD}^2+\overline{BC}^2$이므로

$8^2+6^2=x^2+9^2$ ∴ $x^2=19$

14 (색칠한 부분의 넓이)$=4\pi+8\pi=12\pi$

15 $12^2+\overline{AC}^2=15^2$이므로

$\overline{AC}^2=81$ ∴ $\overline{AC}=9$ ($\because \overline{AC}>0$)

∴ (색칠한 부분의 넓이)

$=\triangle ABC$

$=\dfrac{1}{2}\times9\times12=54$